全国高等院校“十二五”规划教材

设施蔬菜栽培学
实践教学指导书

王久兴　宋士清　主编

中国农业科学技术出版社

图书在版编目（CIP）数据

设施蔬菜栽培学实践教学指导书 / 王久兴，宋士清主编．—北京：中国农业科学技术出版社，2012.8

ISBN 978 - 7 - 5116 - 0946 -5

Ⅰ．①设… Ⅱ．①王…②宋… Ⅲ．①蔬菜园艺—保护地栽培—教学研究—师范大学 Ⅳ．①S626-42

中国版本图书馆 CIP 数据核字（2012）第 121956 号

责任编辑 闫庆健 胡晓蕾
责任校对 贾晓红

出 版 者 中国农业科学技术出版社
北京市中关村南大街12号 邮编：100081
电 话 （010）82106232（编辑室） （010）82109704（发行部）
（010）82109709（读者服务部）
传 真 （010）82106632
网 址 http://www.castp.cn
经 销 者 各地新华书店
印 刷 者 秦皇岛市昌黎文苑印刷有限公司
开 本 787mm×1 092mm 1/16
印 张 12.125
字 数 306千字
版 次 2012年8月第1版 2012年8月第1次印刷
定 价 20.00元

《设施蔬菜栽培学实践教学指导书》编委会

主　编　王久兴　（河北科技师范学院）

　　　　　宋士清　（河北科技师范学院）

副主编　李青云　（河北农业大学）

　　　　　张艳萍　（河北工程大学）

　　　　　贾永霞　（四川农业大学）

　　　　　郑岳忠　（河北省秦皇岛市蔬菜管理中心）

编　委（按姓氏笔画排序）

　　　　　毛秀杰　（河北科技师范学院）

　　　　　冯志红　（河北科技师范学院）

　　　　　叶景学　（吉林农业大学）

　　　　　刘桂智　（河北科技师范学院）

　　　　　刘海河　（河北农业大学）

　　　　　闫立英　（河北科技师范学院）

　　　　　齐明芳　（沈阳农业大学）

　　　　　张慎好　（河北科技师范学院）

　　　　　李晓丽　（河北科技师范学院）

　　　　　杨　靖　（河北科技师范学院）

　　　　　汪李平　（华中农业大学）

　　　　　陈秀敏　（河北科技师范学院）

　　　　　武春成　（河北科技师范学院）

　　　　　胡晓辉　（西北农林科技大学）

　　　　　聂庭彬　（河北省秦皇岛市农业局）

　　　　　曹　霞　（河北科技师范学院）

　　　　　眭晓蕾　（中国农业大学）

主　审　郭世荣　（南京农业大学）

内容提要

本教材由河北科技师范学院王久兴、宋士清主编，介绍了蔬菜认知、设施建设、蔬菜育苗、田间管理、环境调控、病虫防治等基本技能。教材内容紧密结合我国设施栽培实际，融入了作者多年的教学经验、实践经验和科研成果。新颖实用，图文并茂。可供高等农林院校、高等职业院校农学、园艺、设施农业科学与工程等本专科专业的实验、实习、专业技能训练、科研技能训练使用，也可作为其他专业学生辅修教材，亦可供农业技术员、种植专业户等参考。

前　言

河北科技师范学院的“设施蔬菜栽培学”课程在 2009 年 5 月被评为河北省精品课程，2010 年 6 月被评为国家级精品课程（网址：http://w3．hevttc.edu.cn/ssq/enter.asp），是截至目前全国唯一的一门蔬菜学国家级本科精品课程。《设施蔬菜栽培学实践教学指导》是“设施蔬菜栽培学”课程的配套教材，供该课程实验、课程实习、专业技能训练、综合参观等实践教学活动之用。

“设施蔬菜栽培学”是设施农业科学与工程、园艺等专业的主干专业课程，主要讲述在自然条件下不适宜蔬菜生产的季节或地区，利用专门的控制环境条件的材料、设备，人为地创造适宜蔬菜生长发育的小气候条件进行栽培生产的环控农业技术。主要任务是使学生理解和掌握设施蔬菜栽培的基本概念、基本理论、基本知识、基本技能（简称“四基”）和新理论、新知识、新技术、新方法（简称“四新”），增强学生的实践操作技能，使学生基本具备独立指导生产、独立从事生产和独立讲学授课的能力（简称“三独”）。

“设施蔬菜栽培学”课程组对课程进行了准确定位，并根据设施农业科学与工程专业、园艺专业的人才培养目标，针对社会经济发展需要，按照现代教育思想和教学规律要求，经反复研究，提出了课程教学理念、教学工作基本思路，即：坚持“课程有特色，教师有特点，学生有特长”的教学理念，以“遵循教学规律、体现学生为本、深化教学改革、强化实践技能、培养创新能力、提高课程质量”为指导思想，以教师为主导，以学生为主体，协调传统教学手段和现代教育技术的应用，构建纸质、电子、网络等多种媒体立体化教学载体，在理论讲授时强调理论联系实际，在实验实习中强调实际印证理论，加强师生之间的互动交流，充分调动学生学习积极性，激发学生学习潜能，为培养“强能力、高素质、广适应、勇创新”的应用型园艺复合人才而努力。

“设施蔬菜栽培学”是一门实践性很强的课程。以实验、实习和技能训练为内容的实践教学是本课程的关键教学环节，河北科技师范学院“设施蔬菜栽培学”课程组对此高度重视，经多年探索，反复验证，逐渐探索出“三四五实践教学体系”，即充分利用实验室、实践教学基地、社会与市场 3 块场地，使学生经过专业、课程、科研、社会 4 类实践，在全学程 5 个阶段（一、二、三年级以及四年级上、下），“四基”素养、“四新”技艺、“三独”能力螺旋式上升，从而实现“强能力、高素质、广适应、勇创新”的应用型园艺复合人才的培养目标。“三四五实践教学体系”使设施蔬菜栽培学课程实践教学有章可依，达到教学相长。

为了确保“三四五实践教学体系”能够有效实施，使学生在学习过程中，能够理论联系实际，从我国国情出发，面向广大农村，能够在实践中发现问题、解决问题，增强学生的实践技能，我们依托多年的艰苦扎实的基础工作，将与“设施蔬菜栽培学”相关的实践教学内容进行梳理、提炼，编写了本教材。

《设施蔬菜栽培学实践教学指导》分蔬菜认知、栽培设施、栽培管理、蔬菜保护、观摩考察五篇，共 50 个项目，基本内容包括：蔬菜分类、蔬菜形态和特性认知等基础知识；阳畦、塑料拱棚、日光温室等设施的结构调查、设计与建造技术；蔬菜种子处理、育苗、田间管理、环境调控等栽培管理技术；蔬菜病虫害诊断与防治等蔬菜保护技术；蔬菜基地、农业企业以及农业合作社的观摩考察。每个项目的编写内容包括：目的与意义、任务与要求、材料与用具、内容与步骤、问题与拓展、作业与思考 6 个方面。

为进一步丰富学生知识，本书还以附录形式，列举了当前生产上具有较好应用前景的 19 项新技术。

本教材编写过程中注重突出特色。首先，加入了大量描述项目内容和操作过程的图片，使实践内容更直观，便于学生准确理解和实际操作；其次，在内容选择上，以有利于学生就业后能直接指导生产为依据，精选了当前蔬菜设施栽培中的关键技术，总结、编写了多项新技术；最后，在项目表述上，突出实用性，根据实践经验，对关键技术环节进行了完善和修正，甚至加入了菜农的实践经验。

本教材在编写过程中得到了河北科技师范学院有关专家和领导的指导与支持，并参考了相关书籍和资料，在此一并表示感谢。

在编写过程中，我们始终坚持把实用性放在第一位，强调理论联系实践，力求通俗易懂。但是，由于我们对学科内涵的理解可能存在偏颇，虽经几易其稿，其错误和不足之处在所难免。我们将这本教材奉献给广大读者并诚请各位专家、学者及广大师生提出宝贵意见，以便再版时修订。

编　者

2012 年 5 月

目 录

第一篇　蔬菜认知

项目1　蔬菜植物的分类与识别

一、目的与意义

蔬菜植物的范围很广，凡是一年生、二年生及多年生的草本植物（含少量木本植物），以柔嫩多汁的产品器官作为副食品的，均可列入蔬菜植物的范畴。我国幅员辽阔，是世界栽培植物的起源中心之一，蔬菜植物种类繁多，据统计，我国栽培的蔬菜有200多种，其中普遍栽培的有50～60种，而同一种类中还有许多变种，每一变种中又有许多品种。为了方便学习和研究，可以把蔬菜按3种方法进行系统的分类：植物学分类法、食用器官分类法和农业生物学分类法。每种分类法各有优缺点。从栽培角度看，以农业生物学分类法更为适用。

通过识别主要蔬菜植物，掌握蔬菜分类的主要依据，为进一步学好蔬菜栽培学及改进栽培技术奠定基础。

二、任务与要求

通过对各种蔬菜分别进行植物学分类、食用器官分类及农业生物学分类，掌握蔬菜分类的方法，掌握蔬菜按3种分类法形成的主要类别及其特点。认识各种蔬菜及其食用（产品）器官，了解当地栽培蔬菜及稀有蔬菜种类，并能对其进行准确识别。填写蔬菜植物分类观察记载表。

三、材料与用具

1. *材料*　实验站栽培的蔬菜植株，实验室购买的新鲜蔬菜产品，浸泡标本、蜡制模型、挂图、教学课件。

2. *用具*　经清洗消毒的托盘、餐刀等餐具，记录纸。

四、内容与步骤

（一）掌握分类知识

1. *植物学分类法*　该法指的是按照植物分类学的分类方法（界、门、纲、目、科、属、种）对蔬菜植物进行分类的方法。我国栽培的210多种蔬菜，分属于32个科。一般栽培的蔬菜除食用菌外，都属于种子植物门，分属双子叶植物和单子叶植物。在双子叶植物中，以十字花科、豆科、茄科、葫芦科、伞形科、菊科6个科为主；在单子叶植物中，以百合科、禾本科2个科为主。

（1）十字花科　包括萝卜、芜菁、白菜（含大白菜、普通白菜等）、甘蓝（含结球甘蓝、苤蓝、花椰菜、木立花椰菜等）、芥菜（含根用芥菜、茎用芥菜、叶用芥菜等）等。

（2）伞形科　包括芹菜、胡萝卜、茴香、芫荽等。

（3）茄科　包括番茄、茄子、辣椒、马铃薯等。

（4）葫芦科　包括黄瓜、西葫芦、南瓜、笋瓜、冬瓜、丝瓜、瓠瓜、苦瓜、佛手瓜以及西瓜、甜瓜等。

（5）豆科　包括菜豆（含矮生菜豆、蔓生菜豆）、豇豆、豌豆、蚕豆、菜用大豆、扁豆、刀豆等。

（6）百合科　包括韭菜、大葱、洋葱、大蒜、韭葱、金针菜（黄花菜）、芦笋（石刁柏）、百合等。

（7）菊科　包括莴苣（含结球莴苣、散叶莴苣等）、莴笋、茼蒿、牛蒡、菊芋、朝鲜蓟等。

（8）藜科　包括菠菜、莙菜（含根莙菜、叶莙菜）等。

植物学分类的优点是能了解各种蔬菜间的亲缘关系，在杂交育种、培育新品种及种子繁育等方面有重要意义。凡是进化系统和亲缘关系相近的各类蔬菜，在形态特征、生物学特性以及栽培技术方面都有相似之处。如结球甘蓝与花椰菜，虽然前者食用的是叶球，后者食用的是花球，但它们同属一个种，又属异花授粉作物，彼此容易杂交，在杂交育种和留种时要注意隔离。茎用芥菜（榨菜）、根用芥菜、雪里蕻也有类似情况，形态上虽然相差很大，但都属于芥菜一个种，可以相互杂交。又如番茄、茄子和辣椒都属于茄科，西瓜、甜瓜、黄瓜、南瓜都属于葫芦科，它们不论在生物学特性、栽培技术上，还是在病虫害防治方面，都有共同之处。

植物学分类法也有缺点，有的蔬菜虽然同属一个科，但是栽培方法、食用器官和生物学特性却未必相近。如同属茄科的番茄和马铃薯，其特性、栽培技术、繁殖方法差异很大。

2. 食用器官分类法　根据食用器官的形态，可将蔬菜植物（食用菌等特殊种类除外）分为根菜类、茎菜类、叶菜类、花菜类、果菜类5类。

（1）根菜类　指以肥大的根部为产品器官的蔬菜。

① 肉质根类。以种子胚根生长成的肥大的主根为产品的蔬菜，如萝卜、胡萝卜、根用芥菜、芜菁甘蓝、芜菁、辣根、美洲防风、根用莙菜、美洲防风、婆罗门参等。

② 块根类。以肥大的侧根或营养芽发育成的根膨大为产品的蔬菜，如豆薯、甘薯、葛等。

（2）茎菜类　以肥大的茎为产品的蔬菜。

① 肉质茎类。以肥大的地上茎为产品的蔬菜，有莴笋、茭白、茎用芥菜、球茎甘蓝（苤蓝）等。

② 嫩茎类。以萌发的嫩芽为产品的蔬菜，如石刁柏、竹笋、香椿等。

③ 块茎类。以肥大的块茎为产品的蔬菜，如马铃薯、菊芋、草石蚕、山药等。

④ 根茎类。以肥大的根茎为产品的蔬菜，如莲藕、姜、襄荷等。

⑤ 球茎类。以地下的球茎为产品的蔬菜，如慈姑、芋、荸荠等。

（3）叶菜类　以鲜嫩叶片及叶柄为产品的蔬菜。

① 普通叶菜类。如普通白菜（小白菜）、叶用芥菜、乌塌菜、蕹菜、散叶莴苣、落葵、紫苏、芥兰、荠菜、菠菜、苋菜、番杏、叶用莙菜、莴苣、茼蒿、芹菜等。

② 结球叶菜类。如结球甘蓝、大白菜、结球莴苣、包心芥菜等。

③ 辛香叶菜类。如大葱、韭菜、茴香、芫荽等。

④ 鳞茎类。由叶鞘基部膨大形成鳞茎的蔬菜，如洋葱、大蒜、胡葱、百合等。

（4）花菜类　指以花器为产品的蔬菜。

① 花器类。以花器为产品的蔬菜，如金针菜、朝鲜蓟等。

② 花枝类。以肥嫩的花枝为产品的蔬菜，如花椰菜、木立花椰菜、菜薹、芥蓝等。

（5）果菜类　以果实及种子为产品的蔬菜。

① 瓠果类。如南瓜、黄瓜、西瓜、甜瓜、冬瓜、丝瓜、苦瓜、蛇瓜、佛手瓜等。

② 浆果类。如番茄、辣椒、茄子等。

③ 荚果类。如菜豆、豇豆、刀豆、豌豆、蚕豆、菜用大豆等。

④ 杂果类。如甜玉米、草莓、菱角、秋葵、芡实等。

因为在蔬菜生产中，相同食用器官在形成时对环境条件的要求常常很相似，因此，食用器官分类法对掌握同类蔬菜栽培关键技术有一定意义。如根菜类中的萝卜和胡萝卜，虽然分别属于十字花科和伞形科，但它们对栽培条件的要求很相似。

食用器官分类法也有缺点，有的类别，食用器官虽然相同，但是生长习性及栽培方法相差很大，如莴笋和茭白，同为茎菜类，但一个是陆生，一个是水生，其生活习性和栽培方法根本不同。而有些蔬菜，如花椰菜、结球甘蓝、球茎甘蓝，分别属于花菜、叶菜和茎菜，但三者要求的环境条件却很相似。

3. *农业生物学分类法*　以蔬菜的农业生物学特性和栽培技术为依据进行分类，即根据农业上的要求，将植物学上系统相近、产品器官相同、生物学特性和栽培技术相似的蔬菜归为一类。目前，可将蔬菜分为 12 类或 13 类。这种方法综合了上述两种方法的优点，比较适合生产上的要求。

（1）白菜类　此类蔬菜以柔嫩的叶片、叶球、花薹为产品，大多数为二年生植物，种子繁殖，适合育苗移栽。其根系较浅，要求保水保肥力良好的土壤，喜欢温和气候，耐寒不耐热。主要有：大白菜（结球白菜）；不结球白菜栽培亚种，包括普通白菜、乌塌菜（图 1–1）、菜薹；芥菜栽培种，包括叶用芥菜，茎用芥菜（榨菜）、分蘖芥菜、根用芥菜等多个变种。

（2）甘蓝类　以柔嫩的叶球、花球、肉质茎等为产品。生长特性和栽培技术与白菜类相似。包括结球甘蓝、球茎甘蓝（苤蓝）（图 1–2）、花椰菜（菜花）、木立花椰菜（青花菜、西兰花）等很多变种。

图1–1　乌塌菜

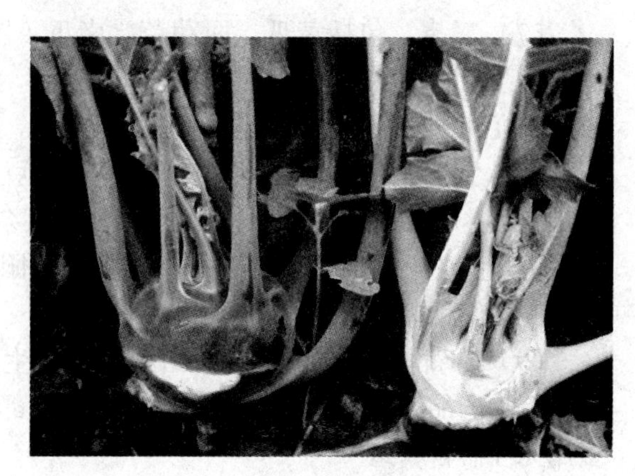

图1–2　球茎甘蓝

（3）根菜类　以其肥大的肉质直根为食用部分，均为二年生植物，种子繁殖，不宜移栽。起源于温带，要求温和的气候，耐寒不耐热，要求土层疏松深厚，以利于形成良好的肉质根。包括萝卜、胡萝卜、根芥菜、芜菁等。

（4）绿叶菜类　以幼嫩的绿叶或嫩茎为产品。这类蔬菜生长迅速，要求肥水充足，尤以速效性氮肥为主；植株矮小，适合间作套种。种子繁殖。除芹菜外，一般不育苗移栽。包括菠菜、芹菜、莴笋、莴苣、芫荽、茴香、茼蒿以及苋菜、蕹菜、落葵（图 1–3）等十几种。这类蔬菜对温度条件的要求差异很大，可分为两类：苋菜、蕹菜、落葵等耐热类型；其他大部分为喜温和、较耐寒类型。

（5）葱蒜类　包括韭菜、大葱、大蒜、洋葱、韭葱等，都属于百合科。一般为二年生作物，除大蒜用鳞芽繁殖外，其他均用种子繁殖。根系不发达要求土壤湿润肥沃，生长要求温和气候，但耐寒性和抗热力都很强，对干燥空气忍耐力强，鳞茎或鳞芽形成需要长日照条件，其中大蒜和洋葱在炎夏进入休眠。

（6）茄果类　以果实为产品。多数为一年生蔬菜，喜温暖，不耐寒，露地栽培时只能在无霜期生长，根群较发达，要求深厚的土层。对日照长短要求不严格。种子繁殖，适合育苗移栽。包括番茄、茄子（图 1–4）和辣椒等。

图1–3　落葵

图1–4　各种茄子

（7）瓜类　包括黄瓜、西葫芦、南瓜（图 1–5）、笋瓜、冬瓜、丝瓜、瓠瓜、苦瓜、佛手瓜等葫芦科植物，以果实为产品。茎蔓生，雌雄同株异花。喜温暖，不耐寒，生育期要求较高温度和充足阳光。栽培上常搭架和整枝。一般用种子繁殖。

（8）豆类　包括菜豆、豇豆、豌豆、蚕豆、菜用大豆、刀豆、扁豆、四棱豆等豆科植物，以果实为产品。除蚕豆和豌豆耐寒以外，其余均要求温暖的气候条件，豇豆和扁豆耐高温。通常为一年生。有发达的根群，又有根瘤菌固氮，因此需要氮肥较少。种子直播，根系不耐移植，蔓生种需要搭架栽培。

（9）薯蓣类　包括马铃薯、山药、芋头、生姜、甘薯等。以富含淀粉的块茎、球茎、根状茎、块根等为产品。除马铃薯不耐炎热外，其余都喜温耐热。要求湿润肥沃的疏松土壤。生产上多用无性器官繁殖。

（10）多年生蔬菜　主要包括黄花菜、芦笋（石刁柏）、百合、草莓、仙人掌、芦荟以及木本植物香椿、竹笋等。繁殖一次，可连续收获多年。在温暖季节生长，冬季休眠，对土壤要求不太严格。

（11）水生蔬菜　包括莲藕、茭白、慈姑、荸荠、芡、菱、豆瓣菜、水芹等。大部分用营养器官繁殖，生长在沼泽地区和水中。为多年生植物，每年温暖和炎热季节生长，到气候寒冷时，地上部分枯萎。

（12）芽苗菜类　萝卜芽、香椿芽、豌豆芽、苜蓿芽、荞麦芽等。

另外，有人认为在这一分类体系中应该增加一个“其他蔬菜类”（或杂类），以解决有些蔬菜按这一体系难以分类之难，其中应包括甜玉米、秋葵（图 1-6）、朝鲜蓟等。

图1-5　各种南瓜

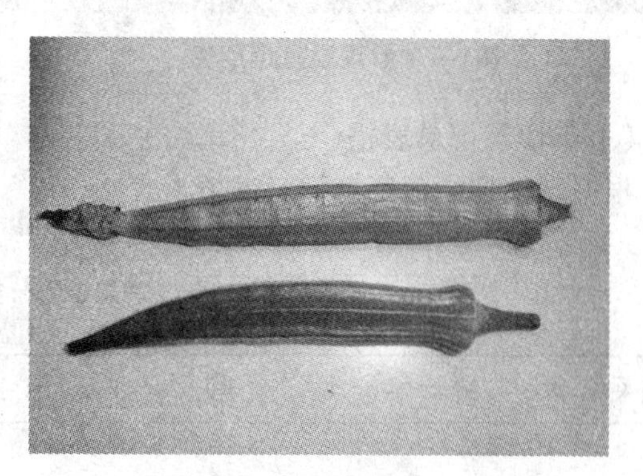

图1-6　红秋葵

（二）实验站内参观

仔细观察实验站温室和露地栽培的每种蔬菜的生长状况、形态特征（根、茎、叶、花、果），重点观察其食用器官（产品）和花器，并记录其特点，明确各种蔬菜的分类依据（图 1-7）。根据各种蔬菜植物的特征，明确其“植物学分类”的归属，尤其要注意葫芦科、十字花科、菊科、伞形科、旋花科等的花器特征。

（三）实验室内观察

观察标本室陈列的标本、蜡模型、挂图、彩色塑封图片，观看 CAI 课件，记录各类蔬菜的产品特征。然后，观察新鲜的蔬菜产品，根据各种蔬菜植物的产品器官特征，明确其“食用器官分类”的归属，并指出是否属于变态根、变态茎、变态叶、变态花器等，并明确属于哪一种变态（如变态茎是嫩茎、块茎还是根状茎等；变态根属直根还是块根等），注意使用准确、规范的名词术语。

（四）品尝蔬菜产品

将材料用清水洗净，用餐刀切开能够生食的蔬菜产品，如西瓜、甜瓜、番茄等，品尝其风味、口感（图 1-8）。不能直接食用的蔬菜产品可自行带回，联系食堂、饭店，加工烹调后食用。

图1-7　参观温室蔬菜

图1-8　观察品尝蔬菜产品

（五）填写记录表格

根据观察到的蔬菜植物，试填下表。

表　蔬菜植物分类观察记载表

蔬菜名称	植物学分类	食用器官分类	农业生物学分类	生活周期	拉丁学名	备注

五、问题与拓展

阅读《蔬菜栽培学总论》（山东农业大学主编，中国农业出版社，2000）、《蔬菜栽培学总论（第二版）》（浙江农业大学主编，农业出版社，1984）、《蔬菜栽培学概论》（陈贵林主编，中国科技出版社，1997）等著作相关内容。

六、作业与思考

1．通过仔细观察，反复练习，准确识别当地栽培的蔬菜 20 种以上。

2．采用 3 种分类方法对主要蔬菜进行分类。

3．简述蔬菜分类的意义和三种分类法的主要应用。

4．有哪些蔬菜，在植物学上是同一科，而且食用器官形态也属于同一类？又有哪些是不同类的？

项目2　蔬菜种子识别

一、目的与意义

蔬菜种子形态是识别不同蔬菜种类、鉴别种子真实性的重要依据之一。因此，蔬菜种子识别是从业人员的基本技能，是进行栽培活动的基础。

二、任务与要求

通过实践，掌握各种蔬菜种子尤其是芸薹属、南瓜属、葱属蔬菜种子的外部形态特点，能够准确识别各种蔬菜种子。

三、材料与用具

1. 休眠种子　各种蔬菜的种子（芸薹属、萝卜属、茄科、南瓜属、葱属、豆科、绿叶菜类等）。
2. 吸水膨胀的种子　萝卜、黄瓜、番茄、菜豆、菠菜等。
3. 新、陈种子　菜豆、韭菜、印度南瓜等。
4. 发芽的种子　蚕豆、韭菜、黄瓜等。
5. 用具　解剖镜、放大镜、解剖针、钢卷尺、镊子、刀片。

四、内容与步骤

（一）形态特征认知

对照下列表格所列各种蔬菜种子形态特征，借助体视显微镜、放大镜，观察蔬菜种子标本，按照科、种识别本次实验所规定的各种蔬菜种子，一一对照认知，形成感性认识。

1. 十字花科　本科蔬菜种子系弯生胚珠发育而成。其形状可自扁球形、球形至椭圆形，色泽有浅褐色、红褐色、深紫色至黑色，种皮有网纹结构，无胚乳，胚为镰刀状，子叶呈肾形，每片子叶褶叠，分列于胚芽两侧。

（1）芸薹属　这类种子包括甘蓝类、大白菜、小白菜、芥菜类 4 类，同一类蔬菜不同品种之间有较大差异。种子形状相似，均为球形，单纯依靠肉眼作种子形态鉴定，一般难以区分到种或变种，可用种皮切片镜检、化学鉴定、物理鉴定，最可靠的是盆栽或田间鉴定（图 2-1）。但甘蓝、大白菜、小白菜、芥菜四种种子之间相互比较，其差异可用表 2-1 区分。

表2-1　芸薹属蔬菜种子比较表

项目	种皮颜色	种子大小	平均千粒重（g）	种子大小（mm）		
				长	宽	厚
甘蓝	铁灰，颜色最深	最大	3.90	2.05	2.00	1.85
大白菜	紫红，颜色较深	次之	3.50	1.90	1.85	1.60
小白菜	深红棕色，颜色较浅	较小	3.25	1.41	1.30	1.21
芥菜	浅红棕色，颜色最浅	最小	1.30	1.30	1.20	1.10

（2）萝卜属　种子较大，不规则形，有棱角。种子为红褐和黄褐两种，种脐明显有沟。白萝卜类型种子黄色，红萝卜类型种子黄褐色（图 2–2）。

图2–1　大白菜种子

图2–2　萝卜种子

2. 葫芦科　本科蔬菜种子系倒生胚珠发育而成，种子扁平，其形状自纺锤形、卵形、椭圆形至广椭圆形，色泽自纯白、淡黄、红褐直至黑色，为单色或杂色。发芽孔与脐相邻合点在脐的相对方向，有明显的种喙。喙平或倾斜。种子边缘有翼或无翼，无胚乳，子叶肥大。富含油脂。

（1）黄瓜属　灰黄或灰白色，纺锤形或披针形，无凸起的边缘（图 2–3）。

（2）冬瓜属　近倒卵形，种皮有疏松的软质，且较厚（表 2–2）。

表2 2　冬瓜属蔬菜种子形态特征比较表

种子名称	种喙两侧有无肿瘤	种子边缘	籽粒大小比较	种子大小（mm）			千粒重（g）
				长	宽	厚	
粉皮冬瓜	有，肿瘤明显	有棱状凸起	种子最大	12.21	8.20	2.20	58.60
节瓜	有，肿瘤明显	有棱状凸起	种子较小	10.75	6.10	2.00	30.78
青皮冬瓜	肿瘤不明显	无棱状凸起	种子厚而小	9.25	5.12	3.10	29.40

（3）南瓜属　种子大、有边，扁卵形，白、黄或灰黄色（图 2–4），包括中国南瓜、印度南瓜和美洲南瓜，这 3 种南瓜种子一般不易分辨（表 2–3）。

图 2–3　黄瓜种子

图 2–4　南瓜种子

表2-3 美洲南瓜、中国南瓜、印度南瓜种子形态特征比较表

种子名称	种喙形状	种子边缘	籽粒性状	种子大小（mm） 长	宽	厚	千粒重（g）
美洲南瓜（西葫芦）	喙大呈倾斜状	与种皮色泽相仿无黄色镶边	种子大而厚，长宽差距小，近圆形	11 .28	7.20	2.42	130.56
中国南瓜（倭瓜）	喙小而平直	较种皮色深，有金黄色镶边	介于二者之间	13.23	8.00	2.00	120.78
印度南瓜（笋瓜）	介于上述二者之间	有黄边，但不及中国南瓜明显	种子小而薄，长宽差距大，披针形	12.58	8.54	3.18	129.40

3. *茄科* 茄科蔬菜种子系弯生胚珠发育而成。种子扁平、形状圆形至肾形不等，色泽黄褐至红褐，种皮光滑或被绒毛，胚乳发达，胚埋在胚乳中间，卷曲成涡状，胚根突出于种子边缘。

番茄：种子扁平，肾形，种皮为红、黄、褐等色，并披有白色绒毛。因而种子常呈灰褐、黄褐、红褐等色（图 2–5）。

辣椒：种子扁平，较大，略呈方形，新鲜种子为浅黄色，有光泽；陈种子为黄褐色。种皮厚薄不均，具有强烈辣味（图 2–6）。

图 2–5 番茄种子

图 2–6 辣椒种子

茄子：种子扁平，形状有圆形种及卵形种两种，圆形种脐部凹入甚深，多数属长茄。卵形种脐部凹入浅，多数属圆茄。种皮黄褐有光泽，陈种或调制不当呈褐色或灰褐色，种皮组织致密，并有凸起的网纹。

4. *豆科* 豆科蔬菜种子系由倒生胚珠发育而成，其形状有球形、卵形、肾形及短柱形，种皮坚韧光滑或皱缩，种皮颜色因品种而异，有纯白、乳黄、淡红、紫红浅绿、深绿及墨绿等各种颜色，单色或杂色，具斑纹，无胚乳，胚直形或稍弯曲，有两枚肥大子叶，富含蛋白质和脂肪。

菜豆（矮生或蔓生）：肾形、卵形、圆球、筒形，有斑纹或颜色纯净一致，种脐短而多白色。种皮光滑，具光泽，种子有白、黑、褐棕黄或红褐色。

豇豆：同上，唯种皮具皱纹、光泽暗。

豌豆：圆球形，土黄或淡绿色，多皱或光滑。种脐椭圆，为白色或黑色。

蚕豆：宽而扁平的椭圆形，微有凹凸。种子大，种脐黑色或与种皮同色。种皮青绿或

淡褐色。

菜豆：扁平的宽肾形，白色、红色、紫色或具花纹，种脐位于一侧，椭圆，白色，无光，脐面突于种皮之上。种子中等大小。

豆薯：近长方形，但四角处圆滑，红褐色，具光泽。

5. 百合科　百合科蔬菜种子系由倒生胚珠发育而成。种子为球形、盾形或三棱锥形。种皮黑色，平滑或有皱纹，单子叶，有胚乳，胚呈捧状或弯曲呈涡状，埋藏在胚孔中。

韭菜、韭葱、洋葱及大葱：这 4 种均为葱属蔬菜。形状相似，均为黑色，一般不易分辨，需通过田间栽培实验加以区分，现将 4 种蔬菜种子比较如下（表 2–4）。

石刁柏：1/6 球形。种子黑色，较平滑，具光泽。

表2–4　韭菜、韭葱、洋葱、大葱种子特征特性比较表

名称	种子外形	种皮皱纹	脐面与种皮面相比较	种子大小（mm）			千粒重（g）
				长	宽	厚	
韭菜	种子扁平，呈盾形，腹背不明显	多而细	脐面突出	3.10	2.10	1.25	3.80
韭葱	三角锥形，背部突出，有棱角，腹部呈半圆形	粗而多，呈波状	脐面凹，一端突出	3.00	2.00	1.35	2.50
洋葱	三角锥形，背部突出，有棱角，腹部呈半圆形	较韭葱少，较大葱多，多而不规则	脐面凹很深	3.00	2.00	1.50	3.60
大葱	三角锥形，背部突出，有棱角，腹部呈半圆形	少而整齐	脐面凹，浅	3.00	1.85	1.25	2.00

6. 伞形科　伞形科种子属双悬果，由两个单果组成。果实背面有肋状凸起，称果棱。棱下有油腺，各种伞形科种子都有特殊芳香油，每一单果含种子一粒，胚位于种子尖端，种子内胚乳发达，双悬果为椭圆体黄褐色。

芹菜：果实小，每一单果有白色的初生棱 5 条，棱上有白色种翼，次生棱 4 条，次生棱基部和种皮下排列着油腺。

胡萝卜：双悬果为椭球形至卵形不等，果皮黄褐或褐色，成熟后极易一分为二。每一单果有初生棱 5 条，棱上刺毛短或无，次生棱 4 条，上有一列白色软刺毛，邻近顶端之刺尖常为钩状，具油腺。

芫荽（香菜）：双悬果为球形，成熟后双悬果不易分离，果皮棕色坚硬，有果棱 20 多条。

茴香：果实较大，半长卵形（二个果实合成长卵形），果皮黄褐色，果棱 13 条。

防风：果实扁平周围有种翼，组成近圆形的单果，解剖单果可以发现种子扁平，匙形，种皮深黄色，不易剥离。

7. 藜科　藜种种子种皮表面纹饰具有丰富多样性，种间差异显著。

菠菜：有刺菠菜，果实为单果，较大，近菱形或多角形，灰褐色，果实表面有刺，果皮硬；无刺菠菜，不规则形或球形，灰褐色，果皮硬（图 2–7）。

叶恭菜：聚合果，一般由3个果实结合成球状，表面多褶皱，灰褐色（图2-8）。

图2-7 菠菜种子

图2-8 叶恭菜种子

8. 菊科 下位瘦果，由二心皮的子房及花托形成，果皮坚韧。多数果实扁平。形状自梯形、纺锤形、至披针形不等。果实表面有纵行果棱若干条。种皮膜质极薄，容易和果皮分离，直生胚珠。一般子叶肥厚，无胚乳。

团叶生菜：银灰色，菱形。

花叶生菜：短棱柱形，灰黄色，颜色不纯净，果实四周有纵行果棱14条；果实顶端有环状冠毛一束。

莴笋：果实扁平，褐色，披针形，果实每面有纵行果棱9条，果棱间无斑纹。

茼蒿：短柱形，深黑褐色，有棱。

牛蒡：长扁卵形，略弯，正背面各有一条明显皱纹，褐色。果实每面有纵行果棱10条，果棱间有斑纹。

9. 苋科 种子小、凸透镜状或肾形。

苋菜：种子为扁卵形至圆形，边缘有脊状凸起，种皮黑色具强光泽，在解剖镜下观察，种皮上有不规则的斑点，有胚乳，胚弯曲成环状，中间及周围为胚乳所填充。

10. 番杏科

番杏：近棱锥形，底面为菱形，其上四角隆起，灰褐色。

11. 落葵科

落葵：壶状，种面具密浅皱，黑色，具硬壳。

12. 锦葵科

黄秋葵：短肾形，黑色上披一层黄绿色附属物，残存着白色珠柄。

冬寒菜：种子小，扁平的肾形，黄灰色，具平行浅纹10条。

13. 旋花科

蕹菜：1/4球形，褐色，表面被白色茸毛，光泽暗。

14. 禾本科

甜玉米：形状似普通玉米，但多皱褶，半透明。

（二）描绘种子外观

借助体检显微镜，用铅笔描绘一种蔬菜种子外观，描绘时要注意该种子的外观特征，不可遗漏。用解剖针和刀片纵切已吸水膨胀的番茄、菠菜、菜豆、萝卜、黄瓜种子，在解剖镜和放大镜下观察5种胚的形态，并判断有无胚乳（图2-9）。

（三）识别能力检测

借助体视显微镜、放大镜等，观察无标识种子标本，在教师的指导、基督下，检验识别正确率（图 2-10）。

图2-9　学生借助显微镜观察蔬菜种子

图2-10　检验学生对蔬菜种子的识别能力

五、问题与拓展

（一）蔬菜种子的概念及类别

种子的概念有狭义和广义之分。狭义的种子即植物学上的种子，是指由胚珠发育形成的有性繁殖器官，是植物繁殖的最高形式。为适应传播与繁殖的需要，种子通常由种皮、胚与胚乳 3 部分组成。种皮是包被在种子外面的保护组织；胚乳（或子叶）是供种子萌发时利用的营养物质的贮藏库；胚是期待发育的植物原始体，是遗传信息的贮存机构，像一部极完备的微型电脑自动控制系统，在环境条件适宜时萌发、生长、发育、开花结实——形成新的种子。

广义的种子泛指农业生产中的各种播种材料，是最基本的生产资料。为了区别于植物学上的种子,应称为“农业种子”,习惯上简称“种子”。蔬菜作物的农业种子,包括以下 5 类。

1. 植物学上的种子　以受精的胚珠发育而来的植物学种子为播种材料。如瓜类、豆类、茄果类、白菜类、萝卜、洋葱、韭菜、大葱等作物的种子。

2. 植物学上的果实　以子房发育形成的果实作为播种材料。如莴苣、生菜、茼蒿等菊科作物的瘦果，胡萝卜、芫荽、芹菜等伞形花科的双悬果，藜科、菱科的坚果等。

3. 植物营养器官　以具有养分富集功能的植物营养器官为播种材料，包括植物学上的各种营养器官，如鳞茎（大蒜）、球茎（芋头、荸荠、慈姑）、根茎（姜、藕）、块茎（马铃薯、菊芋）、块根（山药、甘薯）等。

4. 菌丝组织或孢子　低等植物类蔬菜，营养体及生殖器官比较简单，依靠菌丝或孢子繁殖。如蘑菇、草菇、香菇、猴头、木耳、蕨菜等。

5. 人工种子　又称“合成种子”、“胶囊种子”、“生物技术种子”、“植物种子类似物”，是对植物离体培养所产生的体细胞胚或能发育成完整植株的分生组织，用包衣物质包裹成丸粒状。目前在生产中还极少应用。

（二）蔬菜种子的外部形态

种子的形态是鉴别蔬菜种类、判断种子质量的重要依据。种子的形态特征有：种子的外形、大小、色彩，表面的光洁度、沟、棱、毛刺、网纹、蜡质、突起物等。如茄果类的种子都为肾形，茄子种皮光洁，辣椒种皮厚薄不匀，番茄种皮则附着银色毛刺。白菜和甘蓝种子的形状、大小、色泽相近，均为球形黄褐色小粒种子，但从甘蓝种子球面的双沟，就可与具单沟的白菜种子区分开来。成熟的种子色泽较深，具蜡质；幼嫩的种子色泽浅，皱瘪。有的蔬菜新种子色彩鲜艳光洁，具香味；陈种子则色彩灰暗，有时有霉味。

种子的形状、大小、色泽、表面状况、气味等是识别种子的主要依据，同时和种子的质量、播种技术等也有密切关系。

1. 种子的形状　有球形、卵形、卵圆形、扁圆形、椭圆形、棱柱形、盾形、心脏形、肾形、披针形、纺锤形、舟形、不规则形等。

2. 种子的大小　一般把种子分成大粒、中粒、小粒三级。大粒如豆科、葫芦科等，中粒如茄科、藜科、百合科等，小粒如十字花科和伞形科等。种子大小的表示方法有3种。

① 按种子的千粒重（g）表示。

② 按1g种子含的粒数表示。

③ 用种子的长宽、厚表示。为减少测量误差，可取5粒或10粒的平均值来表示。

3. 种子的色泽　指种皮或果皮色泽而言，有无光泽，有无斑纹，颜色纯净一致或杂色。

4. 种子的表面状况　主要是指种子表面是否光滑是否有瘤状凸起、有棱、有皱纹、有网纹以及其他附属物如茸毛、刺毛、蜡层等，种子边缘及种脐正、歪，豆类种子外面有明显的脐、脐条、发芽孔及合点等。

5. 种子的气味　是指种子无芳香味或特殊的气味（如伞形花科蔬菜种子）。

（三）蔬菜种子的内部构造

植物学上所称的种子，其结构包括种皮和胚，有些种子还含有胚乳。

1. 种皮　种子的最外层包被着种皮，它是一种保护组织，由一层或二层珠被发育而成。属于果实的蔬菜种子，所谓的“种皮”主要是由子房所形成的果皮，而真正的种皮或成为薄膜状，如菠菜、芹菜种子；或被挤压破碎，粘贴于果皮的内壁而混成一体，如莴苣种子。种皮的细胞组成和结构，是鉴别蔬菜的种与变种的重要特征之一。如芸薹属种与变种间在种子外观上不易区分，而从种皮结构就较易辨别。在种皮细胞中，不含原生质（无生命细胞），细胞间有许多孔隙，形成多孔性结构。

种皮上有与胎座相连接的珠柄的断痕，称为“种脐”。种脐的一端有一个小孔，称为“珠孔”，种子发芽时胚根从珠孔伸出，所以也叫“发芽孔”。豆类蔬菜种子的种脐部分的形态特征，常用来区别种和变种。发芽孔大小与紧密程度直接与吸水速度有关。

2. 胚　是种子中最重要的部分，是由受精卵发育而成的幼小植物体的雏体，由胚根、胚芽（上胚轴）、胚轴（下胚轴）、子叶及夹在子叶间的初生叶原基所组成。胚的发育程度及其形状又依蔬菜种类及成熟度而异。有的种子外形正常，但由于未能受精或受精后在胚的发育过程中受到某些不利条件的影响而中途停止发育或发育很小，甚至已经形成的组织也可能中途解体，成为无胚现象。

胚的形态依作物种类而异，是由卵细胞和精子结合发育而成的，是植物体的雏形。它是由胚根、胚轴、子叶和胚芽组成，胚的形态一般有5种。

① 直立胚。胚根、胚轴、子叶和胚芽等与种子的纵轴平行。如菊科、葫芦科蔬菜。

② 弯曲胚。胚弯曲成钩状。如豆科蔬菜。

③ 螺旋形胚。胚呈螺旋形，且其环不在一个平面内。如茄科、百合科蔬菜。

④ 环形胚。胚细长，沿种皮内层绕一周呈环形；胚根和胚芽几乎相接，如藜科蔬菜。

⑤ 折叠胚。子叶发达，折叠数层，充满种子内部。如十字花科蔬菜。

无胚乳的蔬菜种子，如瓜类、豆类等，胚的大部分为子叶，占满整个种子内部，贮存大量的养分。有胚乳的蔬菜种子，如番茄、菠菜、芹菜、韭菜、葱等，胚埋藏在胚乳之中。

种子在发芽过程中，幼胚的生长依靠子叶和胚乳提供所需的营养和能量。种子幼胚色泽鲜洁，胚乳色白；腐坏或变质的种子幼胚变暗色，组织含水多或崩毁粉碎。子叶不仅本身贮存养分用于种子发芽，且幼苗出土后是最早发生的同化器官，子叶大小及发育好坏对壮苗以至于以后的生长发育有较明显的作用。

3. 胚乳　大多数蔬菜种子的结构包括种皮和胚。有些种子还含有胚乳。胚乳是种子贮藏营养物质的场所，如茄科、伞形花科、百合科、藜科蔬菜等皆为有胚乳种子。而豆科、葫芦科、菊科、十字花科蔬菜种子在发育过程中其胚乳已为胚所吸收，将养分贮藏于子叶中，称为无胚乳种子。

（四）菜农辨别新种和陈种的经验

1. 大白菜、萝卜等十字花科蔬菜　新种子，表皮光滑，有清香味，用指甲压开后成饼状，油脂较多，子叶浅黄色或黄绿色。陈种子，表皮发暗无光泽，常有一层“白霜”，用指甲压碎而种皮易脱落，油脂少，子叶深黄色，如多压碎一些，可闻到“哈喇”味。

2. 黄瓜　新种子，表皮有光泽，为乳白色或白色，种仁含油分，有香味，顶端的毛刺较尖，将手插入种子袋内，拿出时手上往往挂有种子。陈种子，表皮无光泽，常有黄斑，顶端的刺钝而脆，将手插入种子袋内，种子往往不挂在手上。

3. 茄子　新种子，表面乳黄色，有光泽，用门牙咬种子易滑掉。陈种子，表皮为土黄色，发红，无光泽，用门牙咬种子易咬住。

4. 辣椒　新种子，辣味大，有光泽。陈种子，辣味小，无光泽。

5. 芹菜　新种子，表皮黄色稍带绿，辛香气味较浓。陈种子，表皮为深土黄色，辛香味较浓。

6. 胡萝卜　新种子，种仁白色，有香味。陈种子，种仁黄色或深黄色，无香味。

7. 菠菜　新种子，种皮黄绿色，清香，种子内淀粉为白色。陈种子，种皮土黄色或灰黄色，有霉味，种子内部淀粉浅灰色到灰色。

8. 菜豆等豆类蔬菜　新种子，种皮色泽光亮，脐白色，子叶黄色带白，子叶与种皮紧密相连，从高处落地声音实。陈种子，种皮色暗，不光滑，脐发黄，子叶深黄色或土黄色，子叶与种皮脱离，从高处落地声音发空。

（五）菜农识别蔬菜种子的经验

蔬菜种子种类多、品种杂，仅十字花科蔬菜品种就有100多个，且表面看起来都差不多，还有新籽陈籽之区别，但粗看起来很难区别。菜农摸索了一套简易的鉴别方法，可用7个字表达：看、听、闻、捏、掐、碾、尝。现一一介绍。

1. 看　即根据种子的某些形状、大小、皮色来鉴别。韭菜、大葱、洋葱种子十分相似，但仔细观察也有细微的差别，韭菜籽呈马蹄形，一边光滑，一边不平，大葱和洋葱的种子呈棱形，比韭菜籽小，大葱种子皮色乌黑发亮，洋葱种子棱较大，皮色也不如大葱亮。

有些种子的长短与果实长短有一定的相关性，果长的黄瓜，其种子也细长；青皮长形冬瓜，种子光滑，稍长，无边线；扁而短的粉皮冬瓜，种子稍宽，有边线。中国南瓜种子呈淡黄色，印度南瓜种子皮较白，印度南瓜中瓜长的种子长，瓜圆的种子短，西葫芦种子都有边线，爬蔓的西葫芦种子边线宽，不爬蔓的边线窄。

白皮和青皮茄子其种子色淡，紫色茄子种子色深，而九叶茄种子色比五叶茄、七叶茄的深。甘蓝类种子较大，芥菜种子较小，白菜、油菜种子中等，芥菜类中的雪里蕻种子比芥菜种子小而圆。

甘蓝种子表皮较粗糙；苤蓝种子缺乏光泽；花菜种子似有一层“白霜”。油菜种子中总有一些黄粒种子，类似未成熟的嫩种。白菜种子颜色黑亮为新籽，灰暗有白霜的为陈籽。

2. 听　即将豆类种子抓一些在手中摇动，听其声音的清脆程度，鉴别其含水量和发芽率，声音脆的其含水量低，多为失去发芽的陈种，声音沉浊不清脆的发芽率好，可用。装在麻袋里的豆类种，用脚踢袋角，听其声音清脆程度可判断其发芽率。

3. 嗅　即嗅种子的气味，一般新种子都有其自己的气味。芹菜香味浓的为新籽，无香味为陈籽。洋葱种子带洋葱味。辣椒种子有辣味，甜椒种子无辣味。

4. 捏　即用手抓一把黄瓜籽，如许多种子粘在手上为新籽，不粘则为陈籽。用 3 个手指撮住番茄种子轻轻搓动，指感滑溜的多为不发芽的陈籽，因为陈籽茸毛柔软，搓动起来阻力小。

5. 掐　即用手指甲掐白菜籽和茄子籽可鉴别其发芽率。能掐成两半的，一般都为已失去发芽力的陈种，不能用。新籽和有发芽率的种子，不容易被掐成两半。

6. 碾　即将十字花科含油性的种子，放在板上用指碾压，观其碾压后状况及种子内部的颜色，可鉴别其发芽率。种子碾压后就散且内部（子叶、胚）的颜色发红，该种子已失去发芽力不能使用。经碾压不散而成饼状，内部呈淡绿色的，该种发芽就好。

7. 尝　即用口咬舌尝，根据其味来鉴别种类，十字花科种子：芥菜、雪里蕻类种子有较浓的辣味；甘蓝、花菜、苤蓝种子有苦味；油菜种子有甜味；白菜种子味淡，新种子较陈种子味重，韭菜、大葱和洋葱种子也各带有各自的气味。

六、作业与思考

1. 准确识别出南瓜属、葱属、芸薹属蔬菜种子。

2. 对各种蔬菜种子的外观特征进行准确描述，并填写蔬菜种子形态特征记载表（表 2–5）。

表2–5　蔬菜种子形态特征记载表

科名	种名	形状	大小	色泽	表面特征	种子或果实	有无胚乳	气味

项目3　蔬菜植物的春化作用

一、目的与意义

了解温度对不同类型蔬菜生长发育的影响。验证不同类型蔬菜通过春化阶段所需的温度、处理时间的长短及生理苗龄。

二、任务与要求

记录白菜或甘蓝、萝卜或洋葱不同春化处理下植株的形态指标，对观察结果进行分析。

三、材料与用具

1. 材料　白菜、萝卜、甘蓝、洋葱等蔬菜种子；3% 福尔马林液或 0.1% 升汞。

2. 用具　培养箱、冰箱、烧杯、培养皿、吸水纸、纱布。

四、内容与步骤

1. 种子催芽　将实验品种的种子粒进行清选，而后称取 2 ~ 3g，分别放在 50ml 烧杯中，用 3% 福尔马林液或 0.1% 升汞消毒 10min，消毒后立即用蒸馏水冲洗 3 次，以除去药液。种子分别放在培养皿中（内壁有几层湿吸水纸），在 20 ~ 30℃温箱中催芽，控制好水分，防止胚根过长受伤。在 1/3 ~ 1/2 种子的种皮破裂时，开始春化处理。此时种子已进入萌动状态。

2. 春化处理　将萌动的种子放置在培养皿中或杯中，分别置于 2 ~ 10℃冰箱中开始春化处理，每 10d 观测 1 次，共 5 次。春化期间要维持种子含水量达到种子重量的 80% ~ 90%，皿口或杯口盖以湿纱布，用橡皮圈套紧，以减少水分蒸发。春化处理分 10d、20d、30d、40d、50d 及对照（种子不经春化处理）共 6 个处理。

3. 种子直播　将处理过的种子播在田间或温室，露地应在温暖条件下播种（冀东地区在 5 月上中旬），行距 30cm，粒距 15cm，每处理播种 30 ~ 50 粒，各处理做好标记，播后管理同一般栽培。

4. 形态调查　出苗后观察生长动态及现蕾开花期。现蕾只看主茎上花蕾的出现；开花指植株上的第一朵花开放。现蕾与开花期以 50% 植株现蕾或开花为标准，记载现蕾时的叶数、叶重、根粗、根重等。根粗和根重为现蕾期 5 株的平均数。

五、问题与拓展

（一）春化作用的概念

在 20 世纪二三十年代苏联的李森科（T. D. Lysenko，1928）创立了植物的阶段发育理论，他认为，在植物的个体发育中，存在从一种质的状态进到另一种质的状态的循序渐进的变化，或由一个阶段进到另一个阶段的变化。而每个阶段有其特定要求的环境条件，如果这种特定的环境条件得不到满足时，便不能完成这一阶段而进入下一阶段，而且这种阶段的变更具有不可逆性。李森科发现谷类作物（主要是麦类作物）在抽茎前必须有一段低温期间，而棉花现蕾前必须有一段高温期间，否则便不能进入下一阶段，他把作物在某一期间需要一定温度才能进入下一阶段的发育阶段叫温期阶段或春化现象，而把温度对作物发育阶段所起的作用叫春化作用。如果人工施加低温或高温处理，代替自然温度，促进植物通过春化，这种处理称为春化处理。

（二）蔬菜的春化作用

在蔬菜中，大部分二年生的蔬菜，如白菜类、根菜类、鳞茎类以及芹菜等绿叶菜类蔬菜，必须经过一定时间的低温春化，才能开花结实。春化过程本身是个诱导现象，本身并不直接引起开花，在春化过程完成以后，植株处于较高温度下才分化花原基，并且在许多情况下还需要特殊的光周期条件。根据通过春化的时期的不同，将需要通过春化才能开花结实的蔬菜植物分为两大类。

1. 种子春化植物　在种子吸胀后开始萌动时就可被春化，通常在种子萌发早期，胚正迅速进行细胞分裂时最有效。这类蔬菜有白菜、荠菜、萝卜、菠菜、莴苣等。

2. 绿体春化植物　必须在幼苗长到一定大小后，才能对低温有反应，如甘蓝、洋葱、大蒜、大葱、芹菜等。

3. 种子春化条件　种子春化处理的条件有 3 个：萌动状态、低温程度、低温处理时间。

（1）萌动状态　干燥种子对低温没有感应。在人工春化处理时，先将种子消毒后用水浸泡，吸水后保湿放在发芽适温下，在 30% ~ 50% 的种子露出胚根时，放入一定的低温下处理。

（2）低温程度　通常春化的低温范围为 0 ~ 10℃，但不同蔬菜种类和品种有一定差异。据实验，白菜类和芥菜类的春化在 0 ~ 8℃范围内都有效果（李曙轩等，1954），而萝卜春化在 5℃左右最有效（荻屋薰，1955）。

（3）处理时间　通常处理时间为 10 ~ 30d，但种类及品种之间有差异。如白菜和芥菜多数品种处理 20d 就够了，许多菜心或菜薹品种，处理 5d 就有诱导开花的结果。秋播萝卜在苗期处理 3d 就有效。

低温处理的时间长短与植株年龄有关。因为种子春化植物并不只是在种子萌动时才对低温敏感，到长成幼苗后，对低温的反应可能更敏感。如大白菜 60d 苗龄和 2d 苗龄的植株，在处理时间相同的情况下，前者抽薹开花早。

4. 绿体春化条件　绿体植物春化也需要满足 3 个条件：一定大小的植株、低温、处理时间。不同蔬菜种类和品种之间的条件要求均有差异。

（1）植株大小　可用生长期（生长天数即日历苗龄）表示，也可用实际生育程度如植株茎粗、叶片数目等（即生理苗龄）来表示。如甘蓝早熟种幼苗在 3 片叶、茎粗 0.6cm 以上，晚熟种 6 片叶、茎粗 0.8cm 以上时能通过春化。芹菜在苗龄 30d 以上，约 15 片叶、苗粗 0.5cm 以上时可以感受低温通过春化。另外，多数情况下低温处理时植株的生理苗龄（如甘蓝）对抽薹时期影响较大，而芹菜在低温处理时的日历苗龄对抽薹时期影响较大。

（2）低温和处理时间　有的种类要求严格，有的种类要求不太严格。如甘蓝和洋葱必须在 0 ~ 10℃，20 ~ 30d 或更长时间才有效果。如甘蓝早熟种 30 ~ 40d，中熟种 40 ~ 60d，晚熟种 60 ~ 90d。植株大小与低温处理时间也有关，如芹菜的苗龄越大，低温处理对开花的促进作用也越大。事实上，许多种子春化植物在自然状态下，大都是在幼苗期甚至在很大的植株通过低温的。

5. 感受低温部位　不同种类感受低温的部位差异较大。多数植物感受低温的部位是进行细胞分裂的部位，而且绿体春化时植株要有一定完整性。有的植物茎尖分生组织是感受低温的部位；另一些植物感受低温的部位没有这样专化。实验证明，春化处理时如果叶片、根部全部摘除或部分摘除，会失去或影响春化效果。

6. 春化的检测　许多二年生蔬菜，通过春化阶段后，在较长日照下及较高的温度下进行花芽分化，随之抽薹开花。生长点染色法可以检测植株是否通过春化，用5%氯化铁及5%亚铁氰化钾处理，如果已经完成春化的，其生长点为深蓝色；而未经春化的，或者不染色，或者呈黄色或绿色。

六、作业与思考

1. 白菜或甘蓝、萝卜或洋葱通过春化阶段的状态是种子还是幼苗?

2. 分析白菜或甘蓝、萝卜或洋葱春化时间的长短与现蕾期、开花期天数的关系。

项目4　蔬菜种子质量及活力测定

一、目的与意义

了解种子品质测定及活力测定在生产上的意义，并掌握其测定及处理的方法。

二、任务与要求

填写表 4–2、表 4–4。

三、材料与用具

1. 材料　各种蔬菜种子，瓜类和豆类蔬菜吸水膨胀的新种子和陈种子（贮藏 3 年以上的种子），红墨水或 TTC（2，3，5- 氯化三苯基四氮唑）。

2. 用具　恒温箱、棕色试剂瓶、刀片、剪刀、电炉、烧杯、量筒、盆、培养皿、纱布、标签、毛巾等。

四、方法与步骤

（一）种子纯度测定

1. 取样　将样品置于光滑平坦的平面上，均匀搅拌。然后耙平，使之呈正方形，画对角线将样品分成四等份，除去上下对角线中的种子，将剩余种子混匀后再用画线法分离，如此重复直到获得需要供试之样品重量为止。

2. 测定　根据种子大小，称出种子 2 份，每份 50g（小粒种子）至 500g（大粒种子），具体取样标准参考表 4–1，仔细清除混杂物，然后称重计算，取 2 份种子，取其平均值作为被测种子的纯洁度。

表4–1 测定种子品质取样标准

蔬菜类别	分析纯洁度及发芽率用的平均样品重量（g）	分析纯洁度用的试样重量（g）
豌豆、菜豆	1 000	200
甜菜	500	25
南瓜	500	100
西瓜	300	100
黄瓜	100	25

（续表）

蔬菜类别	分析纯洁度及发芽率用的平均样品重量（g）	分析纯洁度用的试样重量（g）
萝卜	50	10
甘蓝（芸薹属）	50	5
茄子、番茄、辣椒	50	5
胡萝卜	50	4

（二）种子绝对重量（千粒重）

从纯净种子中不加选择地数出 1 000 粒种子（大粒种子 500 粒），称重，共取 2 份种子，求取其平均值作为被测种子的绝对重量，记录结果，填入表 4–2。

表4–2 测定种子纯洁度和绝对重量记载表

种子名称	试样重量（g）	纯洁种子重量（g）	混杂物重量（g）	纯洁度（%）	绝对重量（g）

（三）种子发芽率及发芽势

1. 发芽床准备 在培养皿中铺放 2 ~ 3 层滤纸，滤纸浸湿，水量以培养皿倾斜而水不滴出为度。

2. 种子准备 从纯净种子中按前述方法取得平均样品，而后随机连续数取种子 2 ~ 4 份，作为检验样品，每份种子 50（大粒）~ 100 粒（小粒）。

3. 播放种子 将种子均匀排放于发芽床中，培养皿贴上标签，注明蔬菜名称、重复次数、处理日期等。然后将种子放在适宜的温度和光照条件的恒温箱或温室内发芽（表 4–3）。

表4–3 蔬菜种子鉴定发芽率及发芽势的条件

蔬菜种类	发芽温度（℃）	光线	计算日数（d）	
			发芽势	发芽率
萝卜	20 ~ 30	黑暗	3	7
胡萝卜	20 ~ 30	黑暗	5 ~ 7	10 ~ 14
石刁柏	20 ~ 30 变温	黑暗	10	21
莴苣类	20 ~ 30	黑暗、光	5	10 ~ 14
根用甜菜	20 ~ 30 变温	黑暗	4	8
白菜类	20 ~ 30	黑暗	3	7
甘蓝类	20 ~ 30	黑暗	3	7
菠菜	15 ~ 20	黑暗	5	14
芹菜	20 ~ 30 变温	光	7	14

（续表）

蔬菜种类	发芽温度（℃）	光线	计算日数（d）	
			发芽势	发芽率
茴香	20 ~ 30变温	黑暗	7	14
香菜	20 ~ 25	黑暗	7	17
葱蒜类	18 ~ 25	黑暗、光	5 ~ 6	12 ~ 20
番茄	20 ~ 30	黑暗	4 ~ 6	6 ~ 12
茄子、辣椒	25 ~ 30变温	黑暗	7	14
黄瓜	20 ~ 30变温	黑暗	4 ~ 5	8 ~ 10
菜瓜、甜瓜	20 ~ 30变温	黑暗	3	8
西葫芦、南瓜	20 ~ 30变温	黑暗	3	10
冬瓜	25 ~ 30变温	黑暗	10	10
瓠瓜	30 ~ 35变温	黑暗	8 ~ 10	10
菜豆、豇豆	20 ~ 30	黑暗	4	8
扁豆	20 ~ 30	黑暗	4	10
蚕豆	20 ~ 30	黑暗	4	10
豌豆	20 ~ 30	黑暗	3 ~ 4	7 ~ 10

注：变温即一天内有16h低温（20～25℃），8h高温（30℃）

4. 种子管理　发芽期间，每天早晨或晚上检查温度并适当补充水分、氧气，发现霉烂种子随时拣出登记，有5%以上种子发霉时，应更换发芽床，种皮上生霉时可洗净后仍放在发芽床上。在恒温箱底部放一个定期换水的水槽，从而保持箱内的湿度。

5. 发芽统计　种子的胚根长度达到种子长度的一半时，可以认为是发芽的种子。凡有下列情况之一者，都作为不发芽的种子：其一，没有幼根或有根而无芽者；其二，种子柔软、腐烂而不能发芽者；其三，幼根和幼芽为畸形者；其四，豆科有些不发芽也不腐烂的硬粒种子。

6. 指标计算　根据公式计算所测种子发芽率和发芽势，填写表4–4。

表4–4　测定发芽势和发芽率记载表

种名	温度	发芽床	发芽实验日数的发芽种子数							未发芽率					发芽势			发芽率		
			2	3	4	5	6	7	8	9	霉烂粒	空粒	硬实粒	畸形	(%)	天数	(%)	平均(%)	天数	(%)	平均(%)

（四）种子生活力

1. 取样　随机取两份吸水膨胀的种子和煮死的植物种子，每份100粒（大粒种子取50粒）。种子去皮，然后沿种胚中央准确切开，取一半放入培养皿备用。

2. 染色　将种子浸于红墨水（药与水的比例为1 ∶ 20）或0.5% ~ 1%的TTC试剂中，红墨水染色在常温下染色15 ~ 20min，TTC染色于35 ~ 40℃恒温箱中染色40min。具体应用方法见表4–5。

表4-5 豆类、瓜类种子生活力测定方法

种类	种子处理	TTC法（40℃）		靛红法（室温）		红墨水法（室温）	
		浓度（%）	染色时间（h）	浓度（%）	染色时间（h）	药：水	染色时间（h）
豌豆	软化、去皮、纵切	1.0	1 ~ 2	0.1	1	1 : 20	2 ~ 3
菜豆	软化、去皮、纵切	1.0	1 ~ 2	0.1	1 ~ 2	1 : 20	2 ~ 3
黄瓜	软化、去皮、纵切	0.5	1 ~ 2	0.5	1	1 : 20	1
西瓜	软化、去皮、纵切	0.5	1	0.5	1	1 : 20	1
西葫芦	软化、去皮、纵切	0.5	1 ~ 2	0.5	1	1 : 20	1

3. *统计生活力* 取出种子反复冲洗，冲掉多余的红墨水或 TTC，然后逐个检查染色情况，分别统计胚部呈红色、浅红色、未染色的种子数。其中红墨水未染色或 TTC 染红色的种子生活力强，红墨水染红色或 TTC 未染色的种子为死种子，胚部浅红色的种子生活力弱，但能发芽。

五、问题与拓展

广义的蔬菜种子质量即种子品质，包括种子的品种品质和播种品质两方面。从栽培角度，首先要注意种子的品种品质。本项目涉及的种子质量是指种子的播种品质。蔬菜种子的播种品质的好坏，最终反映在播种后的发芽率、发芽速度、整齐度和幼苗健壮程度等方面。种子质量的标准，应在播种前确定，以便做到播种、育苗准确可靠。

种子质量一般用物理、化学和生物学方法测定，主要鉴定内容有纯度、饱满度、发芽率和发芽势及生活力的有无。

1. *纯度* 种子纯度指样本中属于本品种种子的重量百分数。其他品种或种类的种子、泥沙、花器残体及其他残屑等都属杂质。蔬菜种子要求纯度达到 98% 以上。纯度计算公式如下。

$$种子纯度（\%）= \frac{供试样本总重 - 杂质重}{供试样本总重} \times 100$$

2. *饱满度* 种子的饱满度通常用“千粒重”表示。绝对重量越大，种子越饱满充实，播种质量就越高。它也是用来估算播种量的一个依据。

3. *发芽率* 种子的发芽率是指样本种子中发芽种子的百分数，用下式计算：

$$种子发芽率 =（\%）\frac{发芽种子数}{供试种子数} \times 100$$

测定发芽率可在垫纸的培养皿中进行；或者在沙盘、苗钵中播种，保让种子发芽所要求的温度、水分、通气等条件，使发芽更接近大田正常的条件而具有代表性。各种蔬菜种子的发芽率可分甲乙二级，前者要求发芽率达到 90% ~ 98%；后者要求达到 85%左右。个别蔬菜种子的发芽率要求也有例外。如伞形科蔬菜种子为双悬果，在一个果实中所含的两粒种子不一定都能正常发芽，发芽率的标准可有所降低；又如甜菜种子为聚合果，俗称“种球”，其中包含多粒种子，发芽率的标准应有所提高。有的蔬菜种子发芽比较困难，如茄子、菠菜等，或者在发芽时要求一定的变温条件，或对水分条件要求比较严格，用培养皿在恒温箱内发芽不一定能反映大田条件下的真实情况，也可以将其播于沙盘或土盘内，模拟大田条件做发芽实验，往往准确性更为可靠。

4. *发芽势* 是反映种子发芽速度和发芽整齐度的指标，指在规定的时间内（如瓜类、白菜类、甘蓝类、根菜类、莴苣等定为 3 ~ 4d；葱、韭、菠菜、胡萝卜、芹菜、茄果类定为 6 ~ 7d）供试种子中发芽种子的百分数。

5. *种子生活力* 是指种子发芽的潜在能力。一般通过测定发芽率、发芽势等指标了解种子是否具有生活力或生活力的高低。测定时休眠的种子应先打破休眠。在种子出口、调运或急等播种等情况下，可用快速方法鉴定种子的生活力，如化学染色法。常用的化学试剂染色法如四唑染色法（TTC 或 TZ）、靛红（靛蓝洋红）染色法，也可用红墨水染色法等。1976 年国际种子检验规程中将四唑染色法列为农作物和林木种子生活力测定的正式方法。可被种子吸收的四唑盐类是作为一种活细胞里发生还原过程的指示剂而起作用，有生活力的种子染色后呈红色，死种子则无这种反应。又因活细胞的原生质具有选择性透性，某些苯胺染料如靛红、红墨水等不能渗入活细胞内而不染色，可依此判断种子生活力的有无（未染色或染色）或生活力强弱（染色浅深）。

种子活力影响着种子寿命和使用年限，一般贮藏条件下蔬菜种子的寿命和使用年限参见表 4–6。

表4–6 一般贮藏条件下蔬菜种子的寿命和使用年限

蔬菜名称	寿命（年）	使用年限（年）	蔬菜名称	寿命（年）	使用年限（年）
大白菜	4 ~ 5	1 ~ 2	番茄	4	2 ~ 3
结球甘蓝	5	1 ~ 2	辣椒	4	2 ~ 3
球茎甘蓝	5	1 ~ 2	茄子	5	2 ~ 3
花椰菜	5	1 ~ 2	黄瓜	5	2 ~ 3
芥菜	4 ~ 5	2	南瓜	4 ~ 5	2 ~ 3
萝卜	5	1 ~ 2	冬瓜	4	1 ~ 2
芜菁	3 ~ 4	1 ~ 2	瓠瓜	2	1 ~ 2
根芥菜	4	1 ~ 2	丝瓜	5	2 ~ 3
菠菜	5 ~ 6	1 ~ 2	西瓜	5	2 ~ 3
芹菜	6	2 ~ 3	甜瓜	5	2 ~ 3
胡萝卜	5 ~ 6	2 ~ 3	菜豆	3	1 ~ 2
莴苣	5	2 ~ 3	豇豆	5	1 ~ 2
洋葱	2	1	豌豆	3	1 ~ 2
韭菜	2	1	蚕豆	3	2
大葱	1 ~ 2	1	扁豆	3	2

六、作业与思考

1. 分析催芽实验和染色法鉴定种子活力的优缺点。

2. 比较不同种类种子陈种子的生活力，说明生产上选种的依据。

项目5 黄瓜器官形态及其特性认知

一、目的与意义

通过了解植株的构成以及各个器官的形态特征，熟悉黄瓜植物学特性，理解其对环境条件的适应性，从而为栽培过程中采取相应农业措施提供依据。

二、任务与要求

观察黄瓜植株各器官形态，了解并记忆其基本特性。

三、材料与用具

1. 材料 无土栽培的子叶期、二叶一心、四叶一心黄瓜幼苗，结果期植株。或土壤栽培幼苗或植株。

2. 用具 小刀、放大镜、记录纸等。

四、内容与步骤

（一）观察黄瓜根系

观察无土栽培子叶期、二叶一心、四叶一心黄瓜幼苗，以及结果期植株。如果为土壤栽培的幼苗或植株，应尽量完整地挖出根系，用水浸泡掉土壤。将上述黄瓜根系从茎基部切下，放于清水中，使根系舒展，进行观察。

1. 观察形态

（1）主根（初生根） 在种子萌发时由胚根发育而来的根系，主根垂直向下生长，成龄植株主根自然伸长可达1m以上。

（2）侧根（次生根） 主根长出后其上可分叉，形成第一级侧根，第一级侧根上再分叉，形成第二级侧根，以此类推。黄瓜的侧根自然伸展可达2m左右。

（3）不定根 多从根茎部和茎上发生的根系。相对来说，不定根要比定根（主、侧根）更强壮一些。

2. 理解特点

（1）根系浅、根量少 由于在进化过程中，热带雨林中的土壤环境优越，水肥含量高，黄瓜根系就没有必要分布得很深、很广，去从大范围内吸收水肥来满足生长需要，使黄瓜根系根量相对较少，属于稀疏松散的浅根系。此外，黄瓜浅根性与它的喜湿性和好气性有关。

（2）根系木栓化早 由于黄瓜根容易木栓化，这样受伤以后从它的上面再发生侧根就比较困难。

（3）好气 黄瓜根系浅，一般不能忍受土壤空气少于2%的低氧条件，而以含氧量15% ~ 20%为宜，呼吸作用旺盛。

（4）易发生不定根且生长旺盛 黄瓜的定根根量少，生命活力差。但黄瓜茎上容易产生不定根。

（二）观察黄瓜茎蔓

1. 观察形态

（1）观察外观

① 观察外部形态。茎五棱，蔓性，上有刚毛。

② 观察分枝习性。茎蔓具有顶端优势和分枝能力，主蔓上可以长出侧蔓，侧蔓还可以再生侧蔓，形成孙蔓。侧蔓数目的多少主要与品种特性有关，要对侧蔓结果类型的品种进行多次摘心。

③ 测量长度粗度。茎属于攀缘性蔓生茎，长度会因品种、温度、营养和水分等因素而不同，一般条件下长度在 5m 以上。一般健壮的植株茎粗应达到 1cm 以上。

（2）观察内部　横切，观察茎构成，茎中空，由表及里分为厚角组织、皮层、环管纤维、筛管（分布于厚角组织和环管纤维内外）、维管束和髓腔。维管束又由外韧皮部、木质部和内韧皮部构成（图 5–1）。

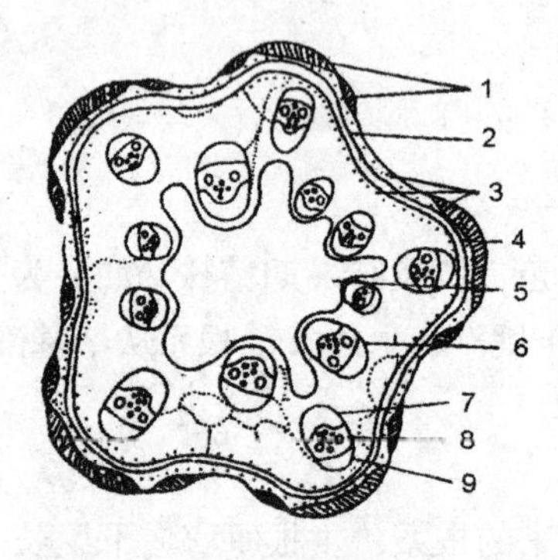

1. 厚角组织　2. 环管纤维　3. 筛管
4. 皮层　5. 髓腔　6. 维管束
7. 内韧皮部　8. 木质部　9. 外韧皮部

图5–1　茎横切面模式图

2. 理解特点　茎细长，不能直立，需要通过人工绑架来进行调整。茎长不利于水分和养分的输导，不易保持植株的水分平衡。茎蔓伸长比其他瓜类蔬菜要早，育苗时更应重视防止徒长。茎蔓脆弱，常易受到多种病害的侵害和机械损伤。幼苗幼茎对光照和温度十分敏感，持续高温和光照不足，则茎将徒长。

（三）观察黄瓜叶片

1. 观察形态

（1）子叶　健壮的子叶肥大色深，平展且形状规整。子叶的生长状况取决于种子本身和栽培条件，种子发育不充实可使幼苗子叶瘦弱畸形。此外，子叶的肥瘦、形状、姿态在一定程度上反映了幼苗对生存条件的适宜程度。

（2）真叶　五角心脏形，较大，叶面积 400 ~ 600cm^2。就一片叶而言，未展开时呼吸作用旺盛，光合作用较弱。叶片展开，光合同化能力逐渐提高，展开约 10d 后，叶面积展开到最大，叶片制造养分的能力最强。这一时期一般可维持一个月，一片叶的有效功能期一般只有 40d 左右。不适宜在日光温室中栽培的黄瓜品种，叶片窄小、不展开或上举等。

2. 理解特点　叶面积大，蒸腾系数大，对营养要求高而本身积累营养物质的能力又较弱。叶片脆弱，极易受到病虫、有害气体伤害及人为的机械损伤。叶片同化物外运，需要保持适宜的夜温。合理有效的叶面积系数（叶片面积与相应土地面积的比值）是 3 ~ 4。

（四）观察黄瓜花朵

1. 观察形态

（1）花的种类　雄花，有雄蕊 5 枚，其中 4 枚两两连生，另有一枚单生，雄蕊合抱在花柱的周围，花药开裂散出花粉（图 5–2）。雌花，花柱较短，柱头三裂，子房下位，有蜜腺。两性花，是在同一花中兼备雌雄两种器官（图 5–3）。

图5–2　黄瓜雄花

图5–3　黄瓜雌花

（2）株型　植株因具不同花型而有不同株型之分。

①雌雄同株型。雄花和雌花混生。

②雄性型。单一着生雄花。

③两性花型。只着生两性花。

④雌全同株型。雌花与两性花混生。

⑤雄全同株型。雄花与两性花混生。

⑥三性同株型。三种花型生于一株。

（3）着生规律　植株上花的着生和开花顺序，通常都是由下而上进行的。

2. 理解特点　雌雄同株型是被广泛栽培的种类。黄瓜主枝上第一雌花的部位高低对早熟性有很大关系，为了争取早熟，最好要选择第一雌花节位低的品种。通过调控环境或叶面喷施植物生长调节剂可影响雌花雄花比例。

（五）观察黄瓜果实

1. 观察形态　取黄瓜果实，观察外观，认知黄瓜的果实为瓠果，由子房和花托一并发育而成的。观察不同品种果实的长短、颜色深浅、刺瘤有无或大小、刺色有黑褐白差异、果皮薄厚、果肉薄厚等（图 5–4、图 5–5）。纵切、横切。认识果皮和胎座。果皮是花托的外表，可食的肉质部分则为果皮和胎座，植物学上称作假果。

2. 理解特点　多数黄瓜品种间具有单性结实能力。

（六）观察黄瓜种子

1. 观察形态　纵切黄瓜果实观察。

着生位置：种子着生在胎座上。

分布情况：靠近果顶部的种子发育早、成熟快，靠近果柄的则较迟。

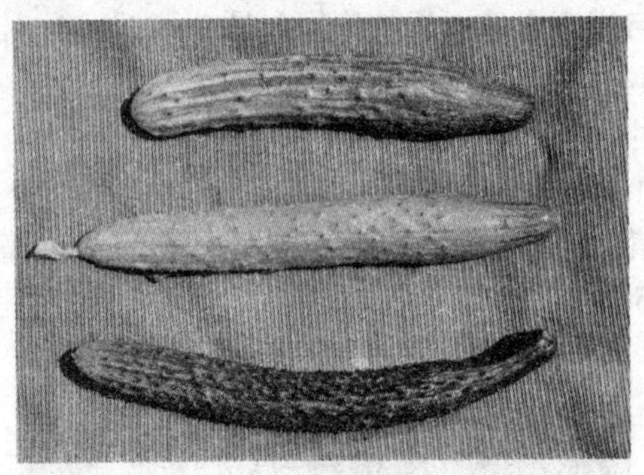

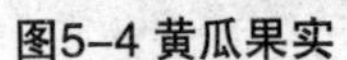

图5-4 黄瓜果实

图5-5 黄瓜结果状态

种子数量：按照胎座数目统计，一条瓜的种子应在500粒以上，而实际上少者数十粒，一般多为100 ～ 200粒。

种子质量：黄瓜种子的千粒重为22 ～ 42g。

2. 理解特点　影响种子数量的因素有品种类型、授粉环境、生育状况、营养条件以及果实状况等。种子成熟度对发芽率有很大影响，由雌花授粉至种瓜采收需要35 ～ 40d。新采收的种子都有一段休眠期，所以新籽立即播种，往往出苗慢且不整齐。

五、问题与拓展

1. 果实发育与授粉　有些品种经虫媒授粉后才能结瓜，不经授粉则化瓜多。但多数黄瓜花不经授粉受精也可以单性结实，这一特性是它能在密闭而无传粉条件的设施里进行生产的一个非常重要的条件。这种黄瓜在遗传性上是受单性结实基因控制的，由于没有种子形成，植株可以把节省下来的营养物质转移到营养体的生长和新瓜的发育上去，因而有助于产量的提高。同时，没有种子的果实，在品质上也有很大的改进。

黄瓜的单性结实现象在各品种之间存在着很大差异，一般地说，设施栽培的耐寒、耐弱光品种和华南型品种，单性结实力较强；而夏秋栽培的长日照的华北型品种，单性结实力较弱。品种间的这种差异主要是遗传决定的。此外，单性结实力的强弱还与植株的生理状态和栽培条件有关。即使同一品种，由于栽培时期和栽培条件不同也表现不一。处在肥水足，发育顺利的条件下，开花时子房个体较大，往往表现出较强的单性结实力。光照强度对单性结实力影响很大，在不足20klx的光照下，由于雌花发育不良而显示出较弱的单性结实力。再者，单性结实力也因植株的部位不同而异，下部节位的雌花表现得弱，部位越高表现得越强。为了扭转因品种的单性结实力弱或者由于温度、光照不利而影响结瓜的局面，栽培上应采用单性结实力强的品种和用放蜂来改善授粉条件，以促使子房发育并正常坐瓜。另外还可以借助于人工合成的生长素保瓜助长，例如，开花时往花上喷萘乙酸钾100 ～ 150倍液，或者2，4-D1 000倍液，也可用500mg/L赤霉素，都能收到很好的效果。

2. 黄瓜的苦味　黄瓜有时有苦味，这种苦味是苦味素引起的。黄瓜苦味有可能出现的事实就表明它是受制于两个因素的作用，即遗传性和环境条件，有些品种从未显现过苦味，无论在什么地方或什么时间种植都一样。而有的品种却表现不稳定，在过多施用氮肥，水分不足，低温，光照不足等不利条件下，植株就会结出苦味黄瓜。但是，出现苦味瓜的植株，有时并不是所有的瓜都苦，而是出现在某一节位或者某一时期，看来苦味的表现形式是复杂的。防止苦味的对策，首先要选用无苦味的良种，同时在栽培管理上为黄瓜植株的正常生育创造良好条件，排除不利因素的干扰。

3. 黄瓜对设施环境的适应性　黄瓜是一种对日照长度要求不严格的蔬菜，可全年进行生产，并有一定的耐阴性，增产潜力大。在较高 CO_2 浓度下，高湿、高温使其表现出极好的丰产性。可以单性结瓜，商品成熟度范围广，这些都是黄瓜对日光温室生产表现出适应性的有利方面。但黄瓜根系和枝系结构松散，组织纤弱，吸水吸肥和积累养分能力弱，这些又决定了黄瓜对生产条件要求较高。所以，黄瓜产量高低有明显的条件性，条件适宜产量很高，反之则很低。

六、作业与思考

1. 思考如何根据黄瓜的植物学特性，调控出良好的设施栽培环境。

2. 以叶片为例，分析黄瓜器官形态特征对环境的适应性。

项目6　番茄器官形态及其特性认知

一、目的与意义

通过了解番茄植株的构成以及各个器官的形态特点，理解其对环境条件的适应性，从而为栽培实践中采取相应措施提供依据。

二、任务与要求

观察番茄植株各器官形态，记忆基本特性。

三、材料与用具

1. 材料　番茄幼苗，处于结果期的番茄植株。

2. 用具　小刀，记录纸。

四、内容与步骤

（一）观察番茄根系

1. 观察根系　认识主根、侧根及不定根。

2. 理解特点　番茄根较发达，分布范围广而深。主根深入土中可达 1.5m 以上，根系开展幅度可达 2.5m 左右，大部分根群分布在 30 ~ 50cm 的土层中。番茄根系再生能力很强，不仅易生侧根，在茎上也很容易发生不定根，所以番茄在育苗过程中适合多次移栽，在移植和扦插繁殖过程中比较容易生根成活。

（二）观察番茄茎

1. 观察茎

（1）类型　番茄茎类型多为半直立型（半蔓生型），少数为直立型。

（2）分枝　茎的分枝形式为合轴分枝（假轴分枝），茎端形成花芽。无限生长型的番茄在茎端分化第一个花穗后，其下的一个侧芽生长成强盛的侧枝，与主茎连接而成为合轴（假轴），第二穗及以后各穗的侧芽都如此产生，故假轴无限生长。有限生长型的植株则在发生 2 ~ 5 个花穗后，花穗下的侧芽变为花芽，不再长成侧枝，故假轴不再伸长。

2. 理解特点　茎基部木质化。番茄茎的丰产形态为节间较短，茎上下部粗度相当；徒长株（营养生长过旺）节间过长，下部茎较细，上部逐渐变粗；老化株节间过短，从下至上逐渐变细。

（三）观察番茄叶片

1. 观察叶片　观察番茄叶片的形状、颜色。区分羽状深裂或全裂，每片叶的小裂片大小、形状、对数。因叶的着生部位不同而有很大差别（图 6–1）。

图6–1　番茄叶片

2. 理解特点　番茄叶为单叶，每片叶有小裂片 5 ~ 9 对，小裂片因叶的着生部位不同而有很大差别，第一二片叶小裂片小，数量也少，随着叶位上升裂片数增多。番茄叶的丰产形态，中肋及叶片较平，叶色绿，叶片较大，顶叶正常展开。

（四）观察番茄花序

（1）花　完全花。花瓣黄色，花器及子房大小适中。徒长株花序内开花不整齐，花器和子房较大，花瓣浓黄色；老化株开花晚，花器及子房较小，花瓣淡黄色，不利于坐果和果实发育（图 6–2）。

（2）花序　总状花序或聚伞花序。花序着生于叶腋，花黄色。每个花序上着生的花数在品种间差异很大，一般大果型番茄 5 ~ 10 朵，有些小果型番茄可达 30 朵以上。有限生长型品种，一般主茎生长至六七片真叶时开始着生第一花序，以后每隔一两叶形成 1 个花序，通常主茎上发生 2 ~ 4 层花序后，花序下位的侧芽不再抽枝，而发育为 1 个花序，使植株封顶。无限生长型品种在主茎生长至 8 ~ 10 片叶时，出现第一花序，以后每隔两三片叶着生一个花序，若条件适宜则可不断着生花序开花结果。

（五）观察番茄果实

1. 观察果实

（1）颜色　成熟果实的颜色有红、粉红、黄、橙黄、绿色和白色，以红或粉红较多。

（2）果形　有圆形、高圆形、长圆形、扁圆形、梨形等。

（3）构成　果肉由果皮（中果皮）及胎座组织构成，果实内部有 2 ~ 7 个心室（图 6–3）。

2. 理解特点　番茄的果实为多汁浆果。

五、问题与拓展

阅读《番茄栽培关键技术》（王久兴编著，中国农业出版社，2011）、《蔬菜栽培学（总论）》（山东农业大学主编，中国农业出版社，2 000）、《蔬菜栽培学实验指导》（河北农业大学园艺学院蔬菜系主编，河北农业大学教材科印刷，2010）。

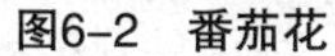

图6-2 番茄花

图6-3 番茄果实

六、作业与思考

1. 如何根据番茄的植物学器官特性，创造适宜的栽培环境，以适应其生长发育，达到高产优质的目的？

2. 番茄两性花在栽培上有什么意义？

项目7 茄果类蔬菜的花芽分化观察

一、目的与意义

掌握观察与识别茄果类蔬菜花芽分化的方法，加深理解环境条件对花芽分化及发育的影响。

二、任务与要求

1. 根据观察情况绘制番茄子叶期、花芽分化期、成苗期的生长锥分化示意图，并注明各部位的名称。

2. 列表记载番茄对比材料的花芽分化及发育情况，并分析不同环境条件对番茄花芽分化的影响。

三、材料与用具

1. *材料* 各种茄果类蔬菜幼苗，用于花芽剥离练习。番茄、茄子、辣椒的子叶期、2~4叶期、成苗期幼苗。不同育苗条件（如不同营养面积、不同育苗温度、不同育苗方式等）下培育的番茄幼苗对比材料。

2. *用具* 解剖显微镜、培养皿、眼科镊子、载玻片、甘油等。

四、内容与步骤

1. *花芽剥离练习* 茄果类蔬菜花芽在茎端分化，观察时应从幼苗基部开始层层剥去叶片，直至肉眼看不清为止，然后将苗端取下置于解剖显微镜的载玻片上，继续剥去小叶片及叶原始体，直到明显露出生长锥为止。花芽与叶芽可以从芽的顶部形状、发生位置及透明程度等方面来区分。若生长点干缩，可以滴1滴甘油使之湿润。此项内容要求学生反复练习，直至基本掌握其方法为止。

2. 花芽分化观察　用上述方法观察番茄、茄子、辣椒不同苗龄的植株花芽分化前后的生长锥形状，以及花芽分化时期侧枝发生情况，重点观察番茄生长点的形态变化（图 7–1）和番茄的花芽分化过程（图 7–2）。

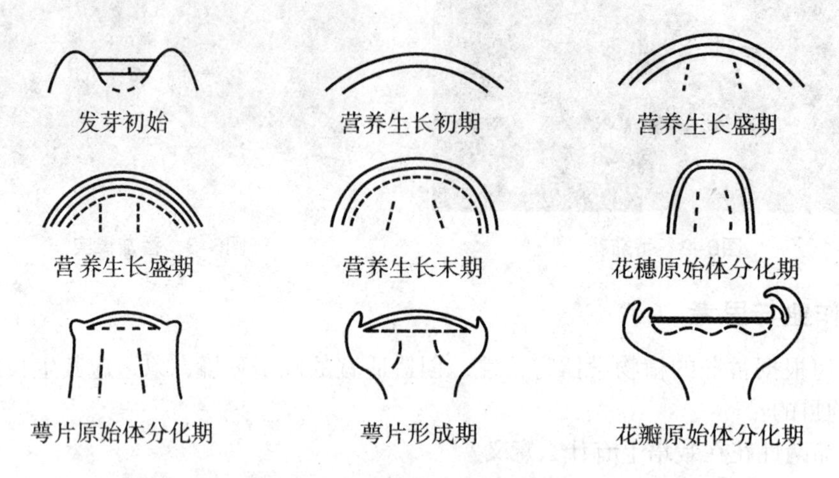

图7–1　番茄生长点与生育相应的形态变化（清水，1964）

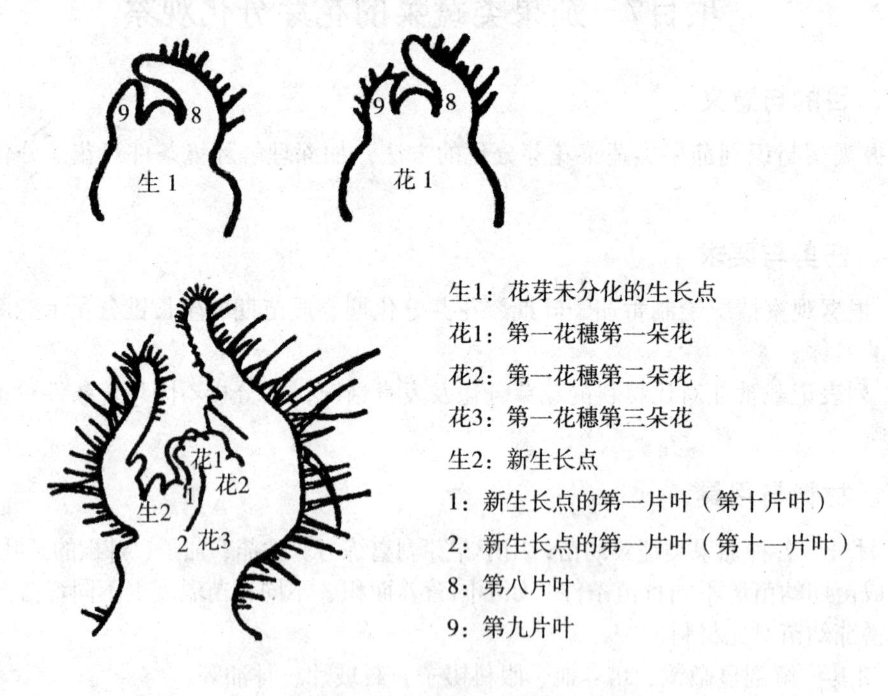

图7–2　番茄的花芽分化过程（藤井等，1943）

3. 观察记载　用番茄对比材料观察并记载花芽开始分化节位、各层花序中各级花芽数。每个处理观察 5 株，求出平均数。

五、问题与拓展

茄果类蔬菜花芽分化的节位高低、数目、质量受品种及育苗条件的制约。花芽分化的好坏直接影响着早期产量和果实品质，及时了解花芽分化的进程具有很重要的生产意义。

对于番茄来说，一般早熟品种 6 ~ 7 片叶后出现第一花序，中晚熟品种在 7 ~ 8 片叶后出现第一花序。如果育苗条件不良，则花芽分化节位提高，花芽数目减少，花芽质量变劣。对花芽分化影响最大的是光照及温度条件。根据实验表明高温能促进花芽分化，但高温下花芽数目减少。温度越低花芽分化期越长，但花芽数目增多。当夜温低于 7℃时则易出现畸形花。

花芽分化与日照时数、光照强度也有密切关系。据实验，光照充足时花芽分化早、节位低、花芽大，促进开花及早熟。

花芽分化与水分的关系，缺水时花芽分化及生长发育都不好，水分稍多影响不大，所以育苗期应注意控温不控水，但也不是水越多越好。

此外，肥沃疏松的苗床土含有丰富的氮、磷、钾，幼苗营养状况好，有利于花芽分化及生长发育。育苗期间生长和发育是同时进行的，营养生长是植株发育的基础，根系发育状况，叶面积大小，茎粗都与花芽分化有关。

六、作业与思考

1. 依据茄果类蔬菜花芽分化的特点，思考对栽培过程中培育壮苗有什么启示？

2. 分析早春番茄畸形果发生严重的原因是什么？

项目8　根菜类肉质根的形态和构造观察

一、目的与意义

通过观察根菜类蔬菜肉质根的外部形态特征及内部解剖学特点，了解萝卜、胡萝卜、根恭菜（莙荙菜）在食用品质上与农业技术的关系。

二、任务与要求

观察萝卜、胡萝卜、根恭菜的肉质直根的外部形态特征及内部解剖学特点。根据实验观测结果填写根菜类肉质直根形态特征记载表（见下表)。绘制萝卜、胡萝卜、根恭菜的中部横断面图，并注明各部位的名称。

三、材料与用具

1. *材料*　各类型萝卜、胡萝卜、根恭菜的植株及切片。萝卜各类型畸形根标本、挂图或课件。

2. *用具*　刀、放大镜、显微镜、尺子等。

表　根菜类肉质直根形态特征记载

项　　目		种　类		
		萝卜	胡萝卜	根菾菜
直根颜色（上、下、内部）				
侧根排数				
直根形状				
总长度（cm）				
根头占直根比例（%）				
根茎占直根比例（%）				
真根占直根比例（%）				
中部直径（cm）				
木质部占根直径比例（%）				
韧皮部占根直径比例（%）				
各部分特点	根头			
	根茎			
	真根			

四、内容与步骤

1. 观察外部结构　重点观察肉质直根的根头、根茎和真根的外形特点及比例（图 8–1）。一般十字花科与藜科的肉质根上着生两排侧根；伞形科肉质根上着生四排侧根。根头、根茎和真根 3 部分的比例因品种及栽培技术而异。

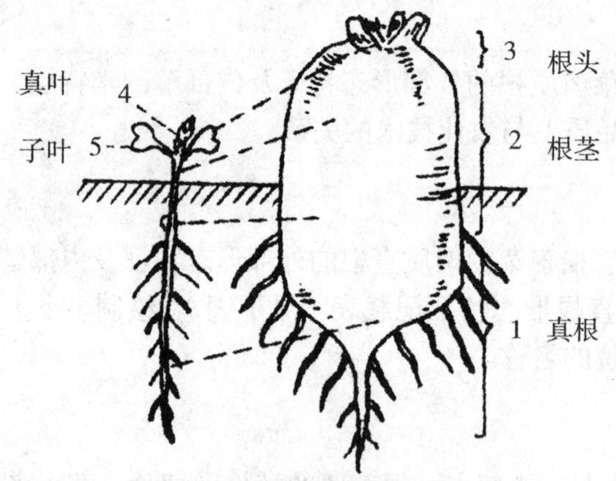

图8–1　萝卜肉质直根形态示意

2. 观察内部结构　将肉质直根纵切和横切，观察肉质直根的周皮层、形成层、木质部、韧皮部各部分的特点，并观察近根下端 1/4 处的切面，比较其各部分的比例，特别是木质部直径占肉质根直径的比例（图 8–2）。

3. 观察畸形根　通过课件、挂图、标本，观察萝卜肉质根的分叉、开裂、糠心现象（图 8–3、图 8–4）。

五、问题与拓展

根菜类蔬菜种类多，以肥大的肉质直根为产品。分属 4 个科：十字花科主要包括萝卜、

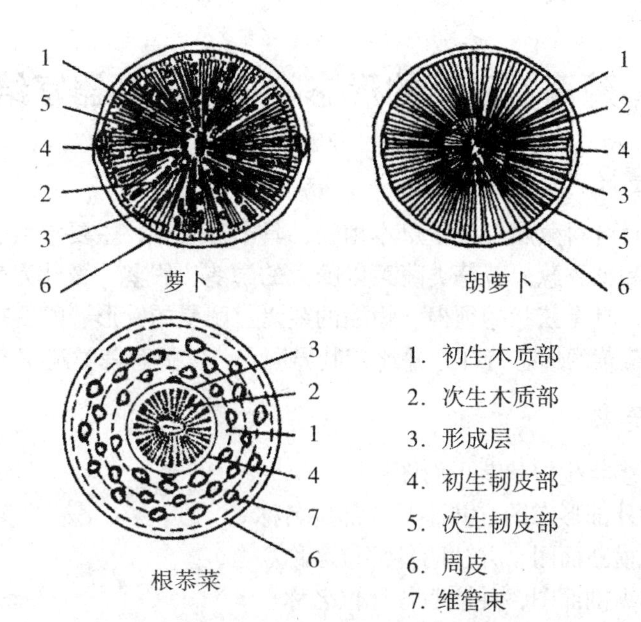

图8-2 萝卜、胡萝卜、根菾菜肉质根横断面示意图

图8-3 萝卜肉质根分叉现象

图8-4 萝卜肉质根糠心现象

根用芥菜、辣根、芜菁、芜菁甘蓝；伞形科主要包括胡萝卜、美洲防风、根芹菜；菊科主要包括牛蒡、婆罗门参、菊牛蒡；藜科主要包括根菾菜。

肉质根由根部和胚轴共同发育而来，分根头、根茎、真根 3 部分。根头（短缩茎）是由上胚轴发育而成，着生芽和叶片。萝卜和胡萝卜的根头不明显。根茎是由下胚轴发育而成，为肉质根的主要部分，无叶痕和须根，光滑。真根是由胚根上半部发育而成，上着生侧根，十字花科和藜科 2 列，伞形科 4 列。

六、作业与思考

1. 萝卜和胡萝卜肉质根在发育上有什么异同？
2. 萝卜畸形根是怎么形成的？

项目9 葱蒜类蔬菜的形态特征和产品器官结构观察

一、目的与意义

葱蒜类蔬菜为百合科葱属二年生草本植物，具辛辣气味，主要包括韭菜、大葱、大蒜和洋葱；其次为韭葱和细香葱。葱蒜类蔬菜以膨大的鳞茎、假茎、嫩叶为产品器官，食用的部分是叶或叶的变态，具有弦状的须根、短缩的茎盘、耐旱的叶形、贮藏功能的鳞茎。通过本项目，了解葱蒜类蔬菜的形态特征，并比较其异同点，掌握葱蒜类蔬菜产品器官的构成。

二、任务与要求

① 绘制韭菜的多年生根状茎平面图。

② 绘制大葱的外部形态图，并注明各部位名称。

③ 绘制大蒜的横断面图，并注明各部位名称。

④ 绘制大葱的纵剖面图，并注明各部位名称。

三、材料与用具

1. 材料　韭菜3～4年生完全植株。洋葱的成株和抽薹植株，大葱、大蒜的植株。无薹多瓣蒜、独头蒜、气生鳞茎；分蘖葱头、头球葱头；分葱、胡葱、楼葱的植物标本或挂图。

2. 用具　放大镜、镊子、刀片等。

四、内容与步骤

（一）观察韭菜

取韭菜完整植株观察以下项目并分析。

①根系着生部位、换根情况，分析跳根原因（图9-1）。

②叶片形状、叶鞘形状、叶片在茎盘上的着生位置，分析假茎形成的原因。

③观察短缩茎形状、根状茎形状，分析分蘖与跳根的关系。

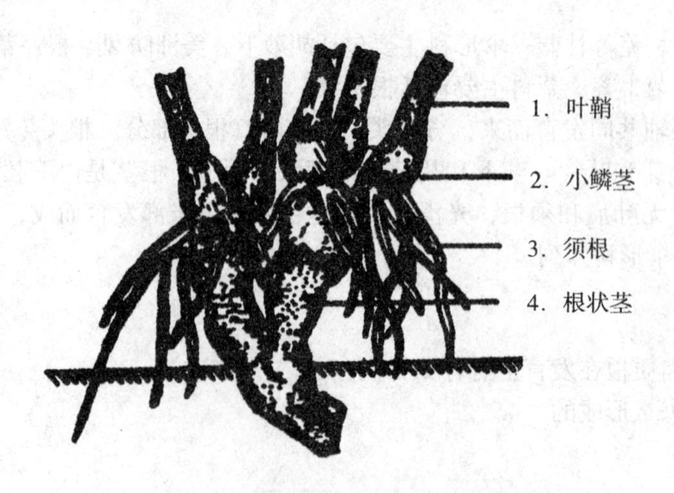

图9-1　韭菜的分蘖与跳根

（二）观察洋葱

取洋葱植株进行以下观察。

①根系着生部位。

②叶形、叶色、叶面状况。

③取鳞茎分别纵切与横切观察：膜质鳞片、开放性肉质鳞片、闭合性肉质鳞片、幼芽、茎盘、须根的位置（图 9–2）。

④取先期抽薹植株，与正常植株进行比较观察。

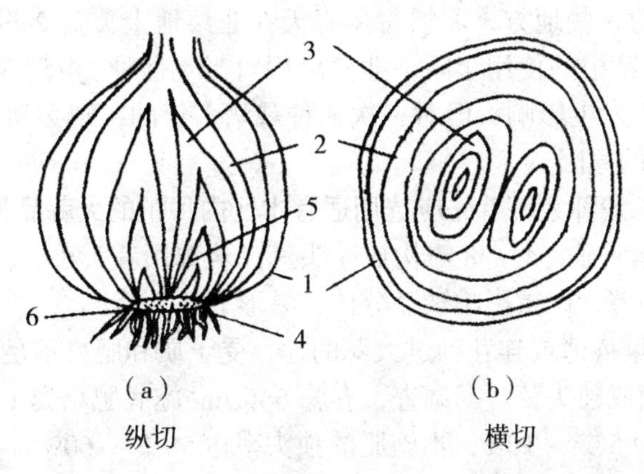

1．膜质鳞片　2．开放性肉质鳞片　3．闭合性肉质鳞片

4．茎盘　5．叶原基　6．不定根

图9–2　洋葱鳞茎的解剖

（三）观察大葱

取大葱植株进行以下观察。

①根系及叶部形态特征，比较幼叶与成叶的异同。

②将假茎纵剖和横剖，观察假茎的组成，叶鞘的抱合方式。

（四）观察大蒜

取大蒜植株进行以下观察（图 9–3）。

①大蒜根系、叶身、叶鞘的形态。

②观察鳞茎纵剖面和横断面的叶鞘、鳞芽（主芽、副芽）、蒜薹、肉质鳞片、芽孔、茎盘等。

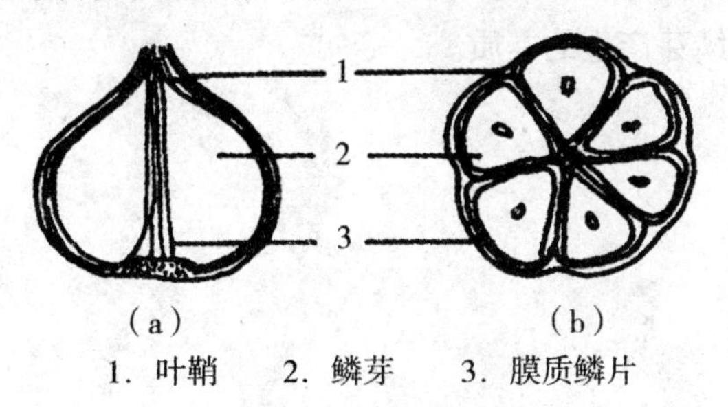

1．叶鞘　2．鳞芽　3．膜质鳞片

图9–3　无薹多瓣蒜

五、问题与拓展

（一）韭菜跳根

由于新株不断在发生，而且新生株一定是发生在老株鳞茎稍上些的部位，因此就形成了分株层层上移，韭根步步向地面逼近的现象，这便是韭菜的“跳根”。韭菜跳根与分株次数、收割次数密切相关，一般一年收割 4 ~ 5 刀时，每年跳根 1.5 ~ 2.0cm，即主要根层向地面跳近 1.5 ~ 2.0cm。当主要吸收根群离地越来越近，乃至达到地面时，韭菜根的吸收越来越受阻，植株的生长势也逐渐衰弱。所以，一些地方播种后的韭菜一般只生产 3 ~ 4 年，就毁掉重新播种。东北的一些地方，习惯每年春天在韭菜地上覆盖 2cm 厚沙子，不仅有利于收割，而且可以延长韭菜根的使用年限。韭菜跳根对当年播种、当年养成根、当年扣棚生产、当年毁根的韭菜一般不发生影响，但对一次播种栽培多年的，则必须注意韭菜的这种特性。

（二）独头蒜产生的原因

1. 种蒜选用不当　栽种大蒜首先应选用适宜本区内种植的大蒜品种，种蒜应具备蒜头大，蒜瓣肥，并每瓣蒜分体明显，4 ~ 8 瓣构成一头蒜。若选用蒜头小、蒜瓣瘦的种蒜，播种后幼苗生长弱，吸肥能力差，严重影响鳞盘分体，易形成独头蒜。

2. 土壤瘠薄　土壤瘠薄或连茬种过大蒜的地，受土质和肥料不足的影响，致使幼苗弱、鳞盘发育差不能分瓣而成独头蒜。据调查，春蒜 666.7m^2 施底肥鸡粪 1 000kg，返青抽薹后施尿素 10kg，独头率仅为 5% ~ 10%，不施肥的独头率达 50% ~ 60%。

3. 播期不当　蒜瓣是由鳞盘上叶腋的侧芽发育形成，同时受温度、光照、养分多方面的影响，因此播期过早或过晚，都会影响蒜的生长发育。如春天栽种过晚就会造成独头蒜率高。实践表明，春蒜在春分节前 5 ~ 7d 种植独头率为 10% ~ 15%，而春分节后 5 ~ 7d 种植，独头率达 20% ~ 30%。

4. 密度过大　农民栽种蒜总想密植，节省点土地，或认为加大密度能高产，但密度大破坏了个体应占的面积，出现了单位面积上蒜株争夺养分的现象，造成肥料不足和空间的限制而形成独头蒜。666.7m^2 种 3.5 万 ~ 4 万株，独头率为 30% ~ 40%，而种植 2.5 万 ~ 3 万株，独头率仅为 8% ~ 10%。

5. 管理不佳　大蒜适应性较强，但在生长过程中对环境条件、养分、水分，都十分敏感，管理过程中常因肥水、病虫、草害等造成个体生长不良出现鳞盘不易分芽或个体不能通过膨大形成独头。

六、作业与思考

1. 韭菜分蘖、大蒜鳞芽产生的本质。

2. 韭菜跳根的原因。

项目10 蔬菜浸泡标本的制作

一、目的与意义

把植物制成标本，可使其在较长的时期内保持生活时的状态，可随时供教学研究观察使用。浸渍标本是指用化学药剂配成溶液，来固定和保存植物的全株或某一器官，这种方法可以保持植物自然色泽和状态，防止腐烂，给人以真实感。通过本项目，了解浸渍标本的制作原理、配方选择、主要色泽保存技术及制作标本的方法。

二、任务与要求

每组按教师要求，制作指定蔬菜标本。

三、材料与用具

1. 材料 具有不同色泽的新鲜蔬菜标本（根、茎、叶、花、果等）。

2. 试剂 蒸馏水、95%酒精、6%亚硫酸、50%冰醋酸、40%福尔马林、食盐、砂糖、硝酸亚钴、氯化锡、氯化锌、硫酸铜、甘油等。

3. 用具 标本瓶、各规格（10ml、500ml、1 000ml）量筒、玻璃棒、玻璃片、不锈钢刀、剪刀、镊子、烧杯、酒精灯、三角架、石棉网、封口蜡、毛笔、白纱线、胶水、标签、绘图墨水、天平等。

四、内容与步骤

（一）浸泡标本一般过程

1. 标本选择 选择具有代表性的无损伤、无病虫为害的新材料，果实不要采过熟的，应选初具本品特征、色泽均匀的果实，花要选初开的。因盛开的花瓣易脱落。

2. 标本预处理 将选择后的标本洗净疏剪修理，使标本在瓶中分布均匀，造型美观，修剪或切剖面时用不锈钢刀具进行。以防标本中的单宁物质及果酸氧化变黑。

3. 色泽固定和保存 如标本需要固定的，将整理好的标本马上浸入固定液中，如标本在瓶口上浮或下沉时，要用玻璃片压住或下坠，务使标本浸入溶液中，若浮出水面，则易发霉变质，固定时间视标本组织的老嫩，糖分含量高低及淀粉多少而定，一般7 ~ 15d，将标本浸至较原来颜色略深时取出，用清水漂净，再转入保存液，然后用封口蜡或石蜡封口保存，最后贴上标签。

（二）浸渍方法及药剂配制

1. 绿色标本的浸渍

（1）硫酸铜固定、亚硫酸或酒精保存液配制 用热开水将硫酸铜溶解配成5% ~ 10%的浓度，待溶液冷却后将标本按老嫩程度（越嫩浓度要求越低），放入溶液中浸泡，待标本颜色明显加绿或开始变褐色时取出，用清水冲洗，去除表面附着的硫酸铜，然后保存于0.12% ~ 0.20%的亚硫酸溶液中，也可保存在70% ~ 90%的酒精溶液中。适用于保存熟叶片、枝条、未成熟果实等标本。

（2）醋酸铜固定、亚硫酸或福尔马林保存液配制 先用50%的冰醋酸溶解醋酸铜达饱和状态备用。使用时按 1∶4 稀释加热至 80℃后将标本投入稀释溶液中加热，标本由绿变黄绿色，再由黄绿色变绿后取出用清水冲洗表面附着的醋酸铜液，然后用 0.12% ~ 0.20%的亚硫酸液保存或用 5%的福尔马林液保存。适用幼嫩材料，如叶片、幼苗等保持绿色。此法固定速度较快，在加热标本时应注意颜色的转变。

2. 黄色标本的浸渍

（1）亚、硼、氯保存液配制　先将标本放入硫酸铜饱和液∶40%的福尔马林＝100∶1 的溶液中固定 24 ~ 48h，然后放入 6%的亚硫酸 15 ~ 20ml，硼酸 2g，氯化锌 10g，水 100ml 配成的混合液中保存。适用于橙黄色标本，对带红色的橙黄色果实不适用。

（2）亚、福保存液　将标本直接放入由 6%的亚硫酸 4ml、40%的福尔马林 3ml、砂糖 5g、水 93ml 配成的混合液中保存，适用于橙黄色标本，也可用于稍带橙红色的标本。

3. 红色标本的浸渍

（1）瓦氏保存液配制　将硝酸亚钴 15g，氯化锡 10g，40%的福尔马林 25ml、蒸馏水 2 000ml 配成固定液。将标本浸入固定 14d 后取出放入福酒保存液（40%的福尔马林 10ml，95%的酒精 10ml，冷开水 1 000ml）中保存。

（2）硫酸铜固定及亚甘保存液配制　用 10%的硫酸铜作固定液，将标本浸入固定 2 ~ 3d，然后取出放入 6%的亚硫酸 5ml、甘油 150ml、水 350ml 的保存液中。适用于番茄果实的保存。

（3）硼、酒、福保存液配制　用硼酸 4.5g、95%的酒精 30ml、40%的福尔马林 30ml，50%的甘油 25ml、水 200ml 配制成保存液，将深红色的标本直接放入保存。如果减少福尔马林的用量或不用，可保存粉红色的果实。

五、问题与拓展

参观学校标本馆，观察各种植物标本，开阔思路，了解标本制作在本领域的重要性。

六、作业与思考

1. 在制作浸泡标本过程中，应注意哪些方面的问题?
2. 如何进行标本的预处理?

第二篇　栽培设施

项目11　地膜覆盖

一、目的与意义

地膜覆盖栽培，就是用适宜厚度的塑料薄膜作地面或近地面覆盖材料进行保护栽培。是一种最简易的保护栽培形式，特点是投资不大，操作简便，增值显著，效益很高。地膜覆盖还有省工、节水、节肥的优点，因而应用面积很大。通过本项目，可以掌握整地、作畦、覆盖地膜一整套技术。

不同蔬菜栽培畦的规格虽有差异，但原理相同，可以相互借鉴，因此这一技术是栽培各种蔬菜的通用技术。

二、任务与要求

在教师指导下，制作覆盖地膜的双高垄，规格符合预定要求，垄面平直。

三、材料与用具

铁锹、开沟器、钉耙、线绳、卷尺（10m 以上）。地膜，以聚乙烯透明无孔膜为宜，幅宽为 900 ~ 1 100mm，厚度以 0.005 ~ 0.008mm 为宜。按每 666.7m^2 用膜 3 ~ 5kg 准备地膜。

四、内容与步骤

1. *施有机肥*　提前 3d 浇水造墒，每 10m^2 撒腐熟的有机肥 100kg，均匀撒施在栽培畦表面。

2. *翻耕土地*　目的是将有机肥料混入土壤之中，翻耕深度 20cm。

3. *撒施化肥*　翻地后，每 10m^2 施入硫酸钾 0.3kg，四元素复合肥 0.8kg。

4. *撒杀菌剂*　每 10m^2 按 45g 的剂量撒 50%多菌灵可湿性粉剂，也可用代森锌和五氯硝基苯按 1 ∶ 1 的比例配制五代合剂，用量为每 10$m^2$45g，与细土混合配置成药土撒施。

5. *制双高垄*　两个高垄为一组，宽度 130cm。将畦面耙平，先从栽培畦中间开沟，然后在此沟的两侧各开一条沟，堆成双高垄。小行距 40 ~ 50cm，大行距 70 ~ 80cm，垄高 10cm，垄宽 30cm，中间浇水的小沟宽 20cm（图 11-1）。

6. *浇水找平*　暗沟浇满水，水渗下后，根据暗沟浇水后留下的痕迹将两垄垄面整平。这样，能保证将来浇水均匀。

7. *拉托膜线*　在浇水的暗沟上悬吊一根铁丝，以防覆盖地膜后，地膜贴在沟底，阻碍水流。方法是，先在栽培垄两端，垂直于栽培垄行向，各拉一道铁丝，然后在两条高垄之间的暗沟上方，拉一道承托地膜的铁丝，高度与垄面相平，这道铁丝的两端，分别固定于垄端的铁丝之上。

8. 覆盖地膜　多人同时操作，先在栽培垄一端开浅沟，将地膜一端埋入土壤加以固定。而后沿行向展开地膜，比较好的方法是在地膜的卷轴中插入一根木棍，露出木棍两端，两人各执一端，地膜卷朝下，操作者握住木棍向前移动，膜卷转动，地膜自然展开。同时，从高垄外侧取土，压住地膜两边。将地膜拉至高垄另一端后，拉紧地膜，埋土压住，用剪刀将地膜剪断（图 11–2）。

图11–1　双高垄规格及支撑地膜的铁丝（单位：cm）

图11–2　覆盖地膜

五、问题与拓展

（一）常用地膜的种类

制作地膜的材料多为聚氯乙烯（PVC），也可为聚乙烯（PE）。

1. 普通地膜　具有提高土壤或地表温度，保水保墒，抑制盐碱，防止肥水流失，增加光照，优化土壤理化性质，减轻病虫草害等功能，分两种类型。

（1）广谱地膜　为 0.012 ~ 0.016mm 厚的透明膜，增温保墒能力较好。适用于各种覆盖方式，但以越冬蔬菜及春播蔬菜覆盖效果更好。幅宽（单幅，下同）多为 70 ~ 250cm，每千克地膜覆盖面积为 69 ~ 90m^2。

（2）超薄地膜 为 0.008 ~ 0.01mm 厚的透明或半透明膜。增温、保墒功能接近广谱地膜。幅宽为 80 ~ 120cm。每千克地膜理论覆盖面积为 108 ~ 135m^2。

2. 特殊地膜

（1）黑色地膜　为 0.015 ~ 0.025mm 厚的黑色膜，主要用于草害重，对增温效应要求不高的地区或季节蔬菜栽培或软化栽培。幅宽为 100 ~ 200cm，每千克覆盖面积为 43 ~ 72m^2。

（2）黑白双面地膜　这是一种两层复合膜，一层为乳白色，一层为黑色，适用于高温季节防草、降温栽培。厚度为 0.025 ~ 0.04mm，幅宽 80 ~ 120cm。

（3）微孔地膜　这种地膜上带有微小的孔，每平方米 2 500 个，适用于南方温暖湿润气候条件下作地面覆盖栽培，这种地膜的厚度在 0.015mm 以上，幅宽 100 ~ 120cm。

（4）避蚜地膜　是利用蚜虫对银灰色有较强的反趋向性，有翅蚜会规避银灰色物体这一特性，通过避蚜减轻蚜虫传播病毒病。这种地膜厚度一般为 0.015 ~ 0.020mm，幅宽 80 ~ 120cm。

（5）除草地膜　是在普通地膜的一面，混入或吹附上除草剂，覆盖时将载有除草剂的一面贴地，使其具有除草作用，特别适用于草荒严重的田块地面覆盖栽培。

（6）预置种植孔地膜　为了方便播种和定植，在生产地膜的过程中，按覆盖作物的行株距配置要求，在地膜上预置好种植孔，铺膜后不用打孔即可种植或定植，这样既省工，又标准。

（7）可降解地膜　以光解膜为例，该膜含有可降解成分——淀粉、草纤维，薄膜主要成分为 PVC、PE，经过一段时期的使用，分解为小块，但更不易清除。

（二）地膜覆盖与施肥的关系

覆盖地膜后，由于土壤理化性状的改善，促进了土壤养分的分解作用和作物植株代谢功能，使植株增加了对有机肥料和磷、钾营养元素的需要量，所以地膜覆盖需要充足而齐全的养分，尤其是要注意增施优质有机肥和一定数量的磷、钾肥料，以保持土壤与生物之间彼此平衡协调的生态关系。

六、作业与思考

1. 思考您的家乡适合哪种地膜覆盖方式？为什么？
2. 为什么日光温室栽培蔬菜多采用双高垄覆盖方式？

项目12　阳畦的结构认知与建造

一、目的与意义

阳畦又名秧畦、洞坑，是由风障畦发展而来的。阳畦利用太阳的光能来保持畦内的温度，没有人工加温设施，所以又称冷床。由于阳畦建造方便，成本低，技术易于掌握，因而目前阳畦育苗仍是瓜类、茄果类蔬菜早春育苗的常用简易方式，尤其是在蔬菜保护设施不很发达地区，更受欢迎。通过实践，可以了解阳畦的结构，掌握抢阳畦的建造方法。

二、任务与要求

能对阳畦的结构进行识别，在教师指导下建造规格符合要求的阳畦。

三、材料与用具

铁锨、钢卷尺、铁丝、塑料薄膜、竹竿、玉米秸秆等。

四、内容与步骤

1. 认知结构　阳畦由风障、畦框、覆盖物三部分组成。由于阳畦南、北框的高度、风障倾斜度不同，阳畦可分为抢阳畦（图 12–1）和槽子畦（图 12–2）。槽子畦南、北框高度相同，风障与地面垂直（图 12–2）。而抢阳畦的风障与地面有一定角度，且南框低于北框，有利于接受更多的阳光，所以一般早春育苗多采用抢阳畦。

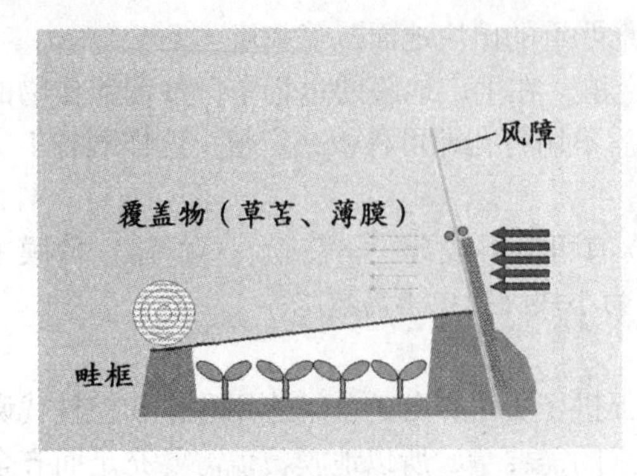

图12-1 抢阳畦

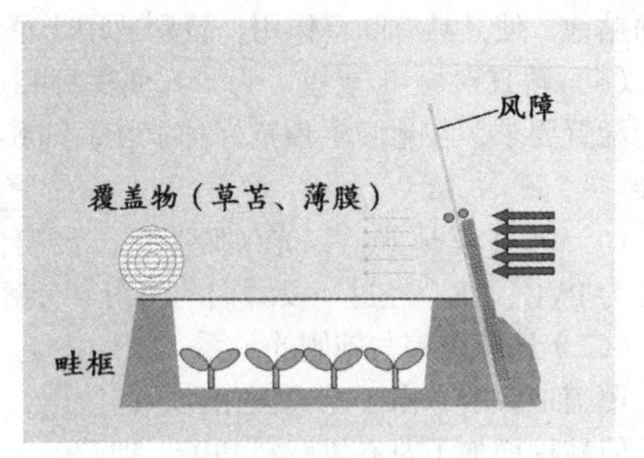

图12-2 槽子畦

2. 选择场地　选择地势高燥，背风向阳，阳光充足，便于灌水，东西向延长的地块建造阳畦。

3. 浇水造墒　阳畦应在入冬时节土壤封冻前建好。冀东地区一般在10月底至11月上中旬前做好阳畦。土壤湿度要合适，湿度太低垒的畦框不结实，湿度太高，则无法操作，所以应在做畦的前3d左右浇水，然后趁土壤湿度适中时建造畦框。

4. 定位画线　确定位置，用木橛标出四角位置，然后根据预定的长度、宽度用白石灰或细线绳标出阳畦的边框位置（图12-3）。

5. 挖土做畦　将标线内地表20cm厚的表土挖出，堆放于边框外侧，以备回填畦内（图12-4）。然后再向下挖出约40cm深的土层做畦框。一般先筑北框，依次东西框、南框。北框高50cm，南框高30cm，上宽30cm，下宽40cm，畦框要夯实。筑完畦框后进行修整，然后回填表土，整平畦面（图12-5、图12-6）。

图12-3 放线定位

图12-4 堆畦框

6. 设置风障　抢阳畦一般采用倾斜风障。畦框做成后，在北畦框外20cm处挖一条沟，沟深25 ~ 30cm，挖出的土翻在沟北侧。沟内插入秸秆夹成一排篱笆（向南倾斜与地面呈70° ~ 80°），材料为芦苇、高粱秸或玉米秆等，并将土回填到风障基部。为增强其抗风性能，篱笆内每隔1 ~ 2m可随秸秆插入数根竹竿或木杆作为加强杆。为了提高保温效果，篱笆北侧下面用稻草或草苫做成披风。距地面1m左右绑一道横杆把风障和披风夹住、捆紧。披风后面筑起土背，并用锹拍实。

图12-5 把边框内部切削平整

图12-6 做好畦框的阳畦

7. *覆盖畦面* 覆盖物分透明和不透明两层。透明覆盖物多为农用塑料薄膜，一般采用平盖法。即把薄膜覆盖在竹竿支架上，先将北畦框上的薄膜边缘用泥压好，待播种或分苗后将其余三边封严。在薄膜上边需用尼龙绳或竹竿压牢，以防大风把薄膜刮开。不透明覆盖物主要用蒲席或草苫，一般宽 1.6m、长 7.5m。

五、问题与拓展

1. *阳畦应用* 在华北、西北地区应用最广泛，华东、华南也用于育苗。我国北方地区在晴天多，露地最低温度在 -20℃以内的严冬季节，阳畦内的温度可比露地高 12 ~ 20℃，可使抗寒蔬菜越冬。由于阳畦建造方便，成本低，技术易于掌握，目前仍用于瓜类蔬菜早春育苗，特别是在蔬菜保护设施不很发达地区，多使用阳畦育苗。

2. *播前处理* 阳畦在播种育苗前应充分晒土，以增加土温，改善土壤结构。晒土时将畦内土壤翻堆到北半畦，使阳光充分晒土，在播种前 20d 左右，白天敞开晒土，夜间盖席保温，分次翻动畦内土壤，并分期将土堆放平。播种前施入充分腐熟的有机肥，并与畦内表土充分掺匀，平整畦面，盖好塑料薄膜，烤地增温，准备播种。

六、作业与思考

1. 了解阳畦在当地的应用范围和效果。
2. 探索是否用可以其他材料制作风障。

项目13　阳畦结构调查

一、目的与意义

通过对实验站及城郊主要类型阳畦进行现场调查和测量，加深对课堂讲授内容的理解，了解主要各类阳畦的基本结构、建造方式、存在问题、生产季节及其在园艺作物生产上的地位与作用。学会观测简易设施的方法，为以后工作中学习、借鉴有价值的设施结构进行技术储备。

二、任务与要求

调查阳畦结构，填写下面的记载表。

三、材料与用具

钢卷尺、量角器、记录纸等。

四、内容与方法

全班划分成若干小组，按实验内容要求进行调查，将测量结果和调查资料，整理成报告。调查内容包括，观察设施场地选择、方位和规划情况，测定风障、畦框、覆盖物等数据。

表　阳畦结构观测记载表

调查日期：　　　　　　　　　　**调查地点：**

调查项目	规格		备注	
风障	篱笆高度、用料			
	篱笆与地面夹角（°）			
	披风高度、用料			
	土背高度（cm）			
畦框	北框	高（cm） 顶宽（cm）		
	南框	高（cm） 顶宽（cm）		
	东框或西框	顶宽（cm） 南高（cm） 北高（cm）		
槽口长（cm）×宽（cm）				
覆盖物	薄膜	长×宽（cm）		
	蒲席	长（cm） 宽（cm） 厚度（cm）		
占地面积	畦长（外口）（cm） 畦宽（外口）（cm）			
床面积	床宽（cm） 床长（cm）			

五、问题与拓展

走访周边地区菜农，了解阳畦的使用情况，分析当地阳畦结构如何优化。

六、作业与思考

1. 分析槽子畦、抢阳畦的结构原理的异同点。
2. 绘制所调查阳畦剖面图，并注明各部位构件的名称和剖面规格。

项目14　电热温床的铺设

一、目的与意义

电热温床是利用电流通过电阻较大的导体（电热加温线）将电能转换成热能，从而进行土壤加温的简易设施。1 度电能约产生 3 599.832kJ 的热量。电热加温具有发热快、床温可控性好、不受外界气候影响的优点。电热温床育苗能有效解决冬季及早春育苗中地温显著偏低的问题；育苗过程中温度有保障，幼苗素质高；设备一次性投资小，易于拆除，利用率高；自动化程度高，节省劳动力。电热温床的缺欠主要是受电力的限制，耗电量大。

通过本项目，可以使学生掌握电热温床的设计、安装方法及自控装置的安装和使用方法。了解电热温床的优缺点及注意事项。

二、任务与要求

学会电热温床的设计和计算方法、布线原则。熟练掌握铺设电热温床技术，能与他人合作，完成电热温床铺设。电热线完整埋入土壤。通电后，能正常加温。

三、材料与用具

1. 电热线　电热加温线（地热线）采用合金材料作电热丝，绝缘层采用耐高温聚氯乙烯或聚乙烯注塑，厚度在 0.7 ~ 0.95mm，比普通导线厚 2 ~ 3 倍。导线和电热线接头处采用高频热压工艺，不漏水、不漏电。电热加温线主要技术参数见表 14–1。

表14–1 电热加温线主要技术参数

型　号	功率（W）	长度（m）	色标
DV20408	400	60	棕
DV20410	400	100	黑
DV20608	600	80	蓝
DV20810	800	100	黄
DV21012	1 000	120	绿

2. 控温仪　采用农用控温仪，控温范围在 10 ~ 40℃，灵敏度 ±0.2℃。以热敏电阻作测温头，以继电器的触点做输出，仪器本身工作电压 220V，最大荷载 2 000W（表 14–2）。

表14-2 常见控温仪的型号及参数（葛晓光，1995）

型号	负载功率（kW）	负载电流（A）	控温范围（℃）	供电形式
BKW-5	2	5×2	10～50	单相
KWD	2	10	10～50	单相
WKQ-1	2	5×2	10～50	单相
WK-1	1	5	0～50	单相
WK-2	2	5×2	0～50	单相
BKW	26	40×3	10～50	三相四线制
WKQ-2	26	40×3	10～40	三相四线制
WK-10	10	15×3	0～50	三相四线制

3. 交流接触器 当电热线总功率大于控温仪额定负载（2 000W）时，必须加交流接触器，否则控温仪易被烧毁。交流接触器的工作电压有220V和380V两种，根据供电情况灵活选用。目前采用CJ10系列比较好（表14-3）。

表14-3 CJ系列交流接触器型号及参数（葛晓光，1995）

型号	额定电流（A）	联锁触点额定电流（A）	220伏电压时最大容量（kw）
CJ10-5	5	5	1 .2
CJ10-10	10	5	2.2
CJ10-20	20	5	5.5
CJ10-40	40	5	11
CJ10-60	60	5	17
CJ10-100	100	5	30
CJ10-150	150	5	43

4. 常用电工工具 测电笔、老虎钳、导线、胶布等。
5. 常用农具 铁锹、铁耙、塑料薄膜、锯末、竹竿等。

四、内容与步骤

（一）确定功率

电热温床的功率密度是指每平方米铺设电加温线的瓦数，用W/m^2表示。功率密度越大，则苗床温度升温越快。功率密度太大，升温虽快，但增加设备成本及缩短控温仪的寿命；功率密度太小，又达不到育苗所要求的温度。适宜的功率密度与设定地温和基础地温有关，设定地温为育苗所要求的人为设定的温度，一般指在不设隔热层条件下通电 8 ~ 10h 所达到的温度。基础地温为在铺设电热温床未加温时的 5cm 土层的地温。电热温床适宜的功率密度可参考表 14-4，如设有隔热层，其适宜功率密度可降低 15%。不同地区气候条件有差异，选用功率密度也不尽相同，河北省的功率密度选择参见表 14-5。

总功率=育苗总面积 × 功率密度

功率密度是指单位面积苗床需要的电热功率。

表14-4　电热温床功率密度选定参考值（单位：W/m^2）

设定地温 \ 基础地温	9 ~ 11℃	12 ~ 14℃	15 ~ 16℃	17 ~ 18℃
18 ~ 19℃	110	95	80	—
20 ~ 21℃	120	105	90	80
22 ~ 23℃	130	115	100	90
24 ~ 25℃	140	125	110	100

表14-5　各地区冬春季节育苗的功率密度选择（单位：W/m^2）

地　区	河北中南部地区		河北北部地区	
育苗时间	春季	冬季	春季	冬季
温室育苗	50 ~ 70	70 ~ 90	70 ~ 90	90 ~ 120
小棚阳畦育苗	80 ~ 100	90 ~ 120	100 ~ 120	130 ~ 140

（二）布线计算

根据以下公式计算电热线根数、布线条数、布线平均间距。

电热线根数＝总功率/电热线的额定功率

电热线不能截断使用，故结果只能取整数。

苗床内布线条数＝（线长-苗床宽度）/苗床长度

为了方便接线，应使电热线两端的导线处在苗床的同一侧，故布线条数应取偶数。假如最后一趟线不够长，可中途折回。

布线平均间距＝苗床宽度/（布线条数 - 1）

实际布线间距可根据苗床中温度分布状况作适当调整，一般中间稀些，两边密些。

（三）床基的制作

电热温床的场地选择对电能的利用影响很大，为节约电能，电热温床的床基应设在日光温室、阳畦等保护设施内。在日光温室中制作电热温床，床基也应设在日光温室的中后部温光条件较好的位置。苗床面积根据用苗量而定。

苗床面积（m^2）＝单个营养钵占地面积（m^2）× 需苗量（棵）

选好床基位置后，根据苗床面积，将畦中表土挖出 18cm，堆放在畦外一侧，整平床底，然后铺 5cm 厚的隔热材料（锯末等），隔热材料上盖一层塑料薄膜，塑料薄膜上压 3cm 厚的床土，用脚踩一遍，耧平，待铺电加温线。

（四）铺电热线

由于日光温室中温度较高，为简化起见，可以不挖土建苗床，不铺隔热层，直接平整土地铺电热线。先画出苗床的边框，将床内地面铲平，浅翻耕，以利土壤积蓄水分，这样，育苗期间营养钵内的水分蒸发后，能在一定程度上得到下部土壤水汽的补充。然后将苗床表面耙平。在苗床两端插小竹棍，间距 8 ~ 10cm。将电热线折成双股，将弯折处套在苗床一端的中部的两根竹棍上，两股电热线分别向两侧呈“几”字形缠绕竹棍，这样可保证电热线的两头在苗床的一端，便于连接电源（图 14–1）。铺线后，并接通电源，用手摸电热线表面，看其是否变热，如果变热，即可埋线，如果不热，说明未通电，检查电源连接处，同时查看电热线本身是否断裂。

图14–1　直接连接电源的电热温床布线图

（五）安装控温装置

苗床面积在 20m^2 以下，总功率不超过 2 000W 的只安装一个控温仪即可，如果苗床面积大，总功率较大时，就应配备相应的交流接触器。各组件连接方法见图 14–2。

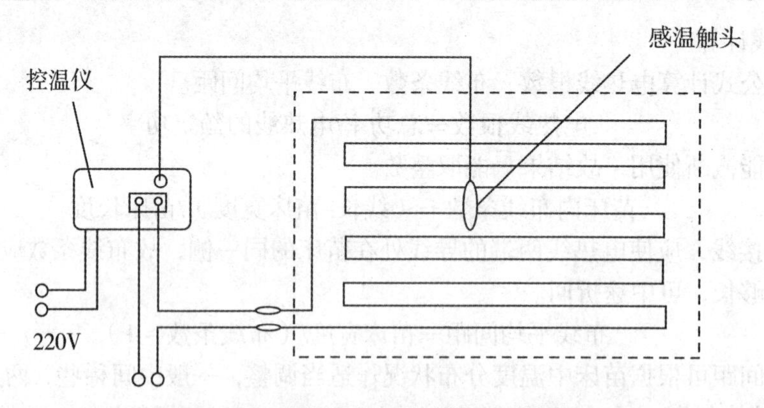

图14–2　电热温床布线及控温仪的连接

（六）埋线

铺线后埋线，简易的埋线方法是：先在苗床两端插竹棍处开小沟，将电热线埋入，这样便于埋苗床中间的电热线。再沿电热线走向，在苗床上开小沟，将电热线全部埋入（图 14–3、图 14–4）。过去的做法是，铺线后在苗床表面筛细土，这样做需要大量的细土，而且费时费工，远不如埋线的方法简单易行。

图14-3 完成铺线后的温床状态

图14-4 开沟埋线

五、问题与拓展

（一）注意问题

严禁成卷电热线在空气中通电实验或使用。铺线时加温线发热段不能交叠、打结，以免接触处绝缘层过热熔化，只允许在引出线上打结固定。电热线不得接长或剪短使用。所有电热线的使用电压都是220V，多根线之间只能并联，不能串联，且总功率不应超过2 000W，使用10A以上的电度表。接入380V三相电源时可用星形接法。使用地热线时应把整根线（包括接头）全部均匀埋入土中，线的两头应放在苗床的同侧。从土中取出电加温线时禁止硬拉硬拔或用锄铲横向挖掘，以免损伤绝缘层，要擦干净保存阴凉干燥处，防虫、鼠咬破绝缘层。旧加温线使用前应做绝缘检查，方法是将线浸入水中，引出线端接兆欧姆表，表的另一端插入水中，摇动兆欧姆表，绝缘电阻应大于1MΩ。

（二）传统床土结构

电加温线在苗床上布置好后，用万用表或其他的方法检查电加温线畅通无问题后，便可覆土，一般覆盖营养土10cm。若用营养钵或育苗盘育苗，则在电加温线上先覆盖2cm的土，用脚踏实，把营养钵或育苗盘摆上即可（图14-5）。

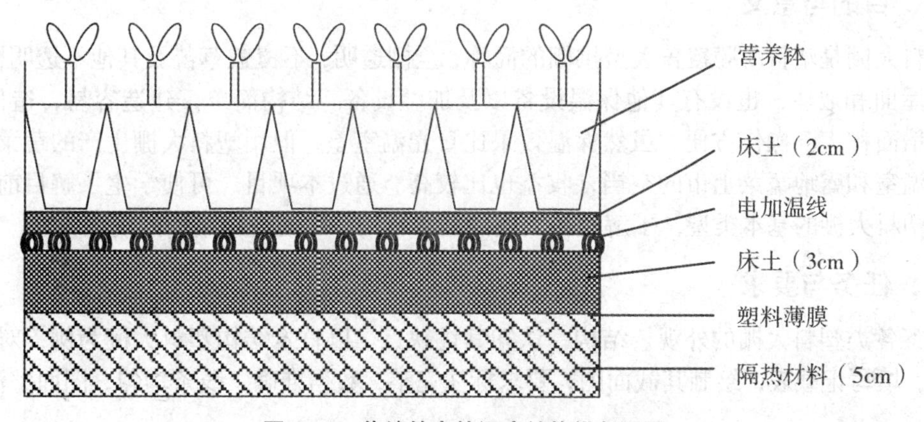

图14-5 传统的电热温床结构纵断面图

六、作业与思考

1. 完成表14–6。

表14–6 电热温床制作实验结果

项目	实验结果
电加温线型号	
控温仪型号	
交流接触器型号	
苗床长（m）	
苗床宽（m）	
基础地温（℃）	
设定地温（℃）	
功率密度（W/m^2）	
电加温线根数（根）	
电加温线往返道数（道）	
布线平均间距（cm）	

2. 绘制所作电热温床的断面图，表明构成和规格。

3. 应用练习。假设河北秦皇岛市某公司欲建一个蔬菜育苗中心，计划在温室中修建6个$10m^2$（1.65m×6m）电热温床进行冬季育苗。请确定所需电加热设备的型号和数量，并绘出电路图。计算并绘图说明各苗床的布线情况。

项目15 塑料大棚的类型观察与结构测量

一、目的与意义

塑料大棚是塑料薄膜覆盖大型拱棚的简称，全棚透明，不覆盖草苫及其他不透明覆盖物，没有后屋面和墙体，也没有其他保温设备以及加温设备。结构简单，建造容易，造价低廉，有效栽培面积大，操作方便。虽然保温效果比日光温室差，但用塑料大棚生产的蔬菜正好填补日光温室和露地蔬菜上市的空当，收益也比较高。通过本项目，可使学生了解目前生产上常用的塑料大棚的基本类型，了解塑料大棚的基本结构，掌握设施结构的观测方法。

二、任务与要求

观察各类塑料大棚的外观、结构，认知其优缺点。以竹木结构塑料大棚为例，对大棚进行测量，填写记载表，绘制其截面图，要求标注完整，数据准确，线条均匀，图面整洁清晰。

三、材料与用具

50m卷尺、1m钢直尺、量角器、记录纸、记录板等。

四、内容与步骤

（一）观察各类塑料大棚

1. 全竹结构大棚　这种大棚以竹片为拱架，以竹竿为支柱，取材容易，造价低廉，建造方便，但拱架容易朽烂，使用年限短，又因棚内立柱多，遮阳面积大，影响生长，操作管理不方便（图 15–1）。

2. 竹拱水泥支柱大棚　这种大棚用竹片做拱，用钢筋水泥立柱作为植株，由于立柱强度较高，所以所用立柱数量比全竹结构大棚要少些，这桩相对较轻。另外，水泥立柱不会腐朽，使用年限也相对较长（图 15–2）。

图15–1　全竹结构大棚

图15–2　竹拱水泥支柱大棚

3. 钢筋钢管拱架大棚　这种大棚是用钢筋焊接成双弦拱架，或用钢管（上弦）、钢筋（下弦）焊接形成双弦拱架，再按一定间距埋设，最后用多道钢筋将各拱架连接成一体，以此构成大棚基本框架。这类大棚没有立柱，强度高，抗风抗雪，遮光少，但造价相对较高（图 15–3）。

4. 镀锌钢管组装式大棚　用镀锌薄壁钢管配套组装而成，是我国定型生产的新型大棚，结构强度高，防锈蚀性能好，棚内无支柱，结构合理，透光率高，利于作物生长，外型美观，安装拆卸方便，但投资较高（图 15–4）。

图15–3　钢筋钢管拱架大棚

图15–4　镀锌钢管组装式大棚

5. 钢筋水泥结构大棚　水泥大棚分为玻璃纤维水泥和钢纤维水泥大棚，一般每 666.7m^2 栽培面积用钢材 300 ~ 800kg，但可抗风载 30 ~ 35kg/m^2，抗雪载 40 ~ 50kg/m^2，使用寿命较长，原料来源充足，成本较低，容易被农户接受，但这种棚架自身重量较大，移动不方便。使用不当时，拱架连接处容易损坏，废架处理困难。

6. 简易秫秸秆大棚　这种大棚适合刚开始发展蔬菜栽培的贫困地区使用，用秋季收获后的高粱秸秆作拱架，结构巧妙，造价十分低廉。但牢固性较差，遮阳较严重，只能用 1 年。

（二）认知竹木大棚结构

竹木大棚的骨架是由拱杆、立柱、拉杆、压膜线等部件组成。

1. 立柱　即大棚的支柱，承受棚架和棚膜的重量，并承担雨、雪负荷和受风压与引力的作用。因此，立柱要垂直或倾向于应力。由于棚顶重量较轻，使用的立柱不必太粗，但立柱的基部要垫砖头或石块，防止下沉。立柱埋置的深度要在 50cm 左右。

2. 拱杆　拱杆是支撑棚膜的骨架。横向固定在立柱或吊柱上，两端埋入地下，深度为 30 ~ 50cm。拱杆间距为 1m。

3. 拉杆　拉杆是纵向连接立柱，固定拱杆的横梁，使大棚结构加固连接，达到全棚稳定。拉杆距离拱杆 20cm，其上设小吊柱，支撑拱杆，可减少立柱的数量，俗称“悬梁吊柱”。

4. 压膜线　棚架覆盖薄膜后，于两根拱杆之间加一根压膜线，使棚膜压紧、压平不容易松动，压膜线要稍微的低于拱杆，以利于排水和抵抗风压。可选用市场上售的聚丙烯包装绳和 8 号铅丝。但是，8 号铅丝在雨水作用下，容易生锈，腐蚀棚膜，在高温下，容易烫坏棚膜，所以，尽管其坚固耐用，目前已经逐渐被人们淘汰。

5. 塑料薄膜　一般使用厚度为 0.1mm 的农用聚氯乙烯（PVC）或聚乙烯（PE）薄膜。每棚用两块膜时，顶部相接处为通风口；三块棚膜，两肩相接处为通风口；四块棚膜，以顶部两块与棚顶相接，两侧各一块，与棚肩相接，通风口为顶部及两肩，共三道，这种覆盖方式较好，通风良好，管理方便。各幅薄膜相接处应重叠 50cm 左右，四周埋入土中的薄膜约 30cm。

6. 门　门应设在大棚的两端或一端，作为出入口及通风口，门的下半部应挂半截塑料门帘，以防早春开门时冷风吹入。

（三）测量结构绘制图纸

1. 观测填表　观测大棚结构，填写下面的观测表。

2. 绘制简图　根据观测结果，绘制草图（图 15–5 为参考样例）。

五、问题与拓展

以河北省唐秦地区栽培甜瓜用大棚为例，调查不同结构、棚型的塑料大棚结构，分析其优缺点，尝试提出改进意见。

六、作业与思考

1. 调查当地各种大棚的用料及建造成本。

2. 根据观测结果，绘制一张塑料大棚结构图纸。

表 塑料大棚结构观测表

调查日期： 调查地点：

调查项目		单位	棚别			备注
基本参数	棚长 棚宽 棚最高 棚面积	m m m m^2				
拱杆（规格不同时分别记录）	用料 长 外径 间距 数量	— m cm cm 根				
拉杆	用料 外径 间距 数量	— cm cm 根				
吊柱	用料 规格 间距 数量	— — cm 道				
通风口	方式 设置部位 控制方法 总面积	— — — m^2				
门	高 宽	m m				
压膜线或杆	用料 间距 数量	— cm 道				
棚跨拱比	棚中高 棚肩高 棚拱高 拱高/宽	m m m —				
棚保温比	表面积/土地面积	—				

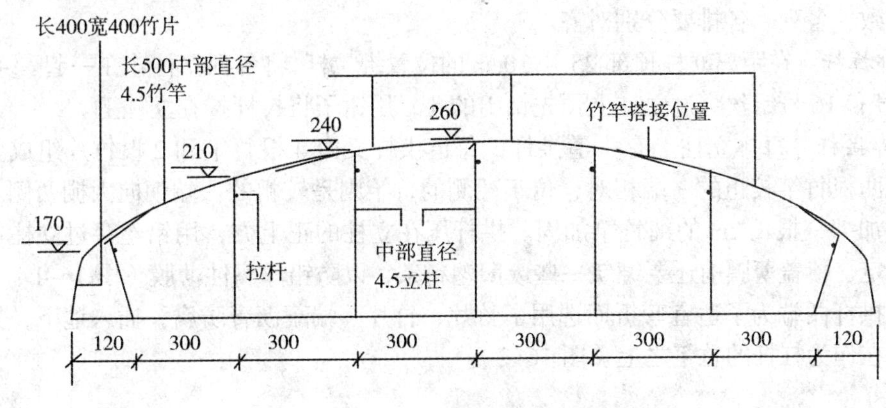

图15-5 塑料大棚草图示例（cm）

项目16　全竹结构塑料大棚的建造

一、目的与意义

近年来，由于木材价格较高，而竹竿和竹片的价格相对较低，所以，在竹木结构大棚的基础上逐渐发展成了用竹竿、竹片建造基本构架的全竹结构塑料大棚，这种大棚通常宽20 ~ 25m，中央处高2.6m，长度50 ~ 100m。全竹结构大棚在蔬菜生产中发挥了重要作用，是蔬菜春提前或秋延后栽培的主要设施。通过本项目，可以使学生掌握全竹结构塑料大棚建造的关键技术环节。

二、任务与要求

在教师的指导下，全班通力合作，建造一座全竹结构塑料大棚，如无实际建棚的时间、财力、场地，可适当压缩规模，模拟建造，学习建造过程，熟悉关键环节。建成后教师检验，要求大棚的立柱位置、拱杆间距、拉杆位置准确。同列立柱高度一致。各组件搭接部位牢固，捆绑铁丝能拧紧，且无安全隐患。竹节处无毛刺。覆盖薄膜后膜面平整。

三、材料与用具

竹竿、竹片、铁丝、聚苯乙烯塑料薄膜、沥青等。建棚图纸。

四、内容与步骤

1. 建造准备　大棚为东西方向延长，于土壤封冻前将骨架建成。这种大棚采用了大量的竹竿做立柱，用竹竿和竹片作拱，每道拱下都有一排立柱，用拉杆将各排立柱连接起来。每道拱包括4根中部粗约4.5cm长约5m的竹竿，和两根长4m宽4.2cm的竹片组成。立柱则根据要求用前述规格的竹竿截取。竹竿和竹片茎节处有许多尖锐的刺，要用小型的型材切割机将其除去。竹竿基部插入土壤的部分要蘸沥青防腐，上部则要分别在距离顶端5cm、30cm、55cm的位置钻孔，用于穿过固定拱杆、拉杆和托承薄膜的铁丝。

2. 埋立柱　每道拱杆下高度不同的所有立柱我们称作一排，东西方向高度相同的立柱称作一列。按120cm间距一列一列地埋立柱。作立柱的竹竿中部粗度应达到4.5cm，将蘸竹竿沥青的一端埋入地下，深50cm。按设计要求确定露在地面以上部分的高度，同一列立柱高度要一致，各列、各排要分别对齐。

3. 绑拉杆　在距离立柱顶部25 ~ 30cm的位置绑拉杆，将各列立柱连在一起。绑拉杆时，可用10号和16号铅丝穿过立柱上预先钻出的孔，用钳子将拉杆拧在立柱上。

4. 绑拱杆　每排立柱上有一道拱杆，每道拱杆又由4根竹竿和2根竹片组成。位于中间位置的两根竹竿较粗的一端相对，位于两侧的竹竿则是较粗的一端朝向大棚两侧。竹竿连接处，可加绑一根长2m的细竹竿加固。拱杆压在立柱的正上方，用铅丝穿过立柱顶端的钻孔加以固定，覆盖薄膜前还要缠绕一些废旧塑料条，以防铅丝腐蚀薄膜（图16–1）。

每道拱杆两端为了适宜弯折而选用了竹片，竹片一端蘸沥青防腐，插入地下，另一端经弯折后绑在作为杠杆的竹竿之上（图16–2）。

图16-1 大棚中部拱杆与立柱的连接方式

图16-2 大棚两侧拱杆与立柱的连接方式

5. *建棚头* 大棚东西两端的拱杆和立柱用于建棚头（山墙），为提高坚固性，在每两根立柱之间再加埋一根立柱，立柱高度依据拱杆自然坡度而定。对每根立柱，包括加埋的立柱，再绑一根支柱，支柱伸向棚内，插入地下，与地面呈 45°。用铅丝绑好，连接处缠绕塑料条，防治铅丝腐蚀或刺穿塑料薄膜。然后，像绑拉杆那样，也在支柱上绑竹竿，将支柱连接固定。再在棚头立柱上绑 3 道竹片，棚头中间位置留小门（图 16-3）。

图16-3 棚头及其支柱

6. *覆盖薄膜* 春季大风天气频繁，不利于覆盖薄膜，因此，真正的生产用棚应在 1 月下旬即开始覆盖大棚薄膜。选用聚氯乙稀无滴膜，宽度 20m 以上的大棚可覆盖 4 幅薄膜，每幅薄膜的具体幅宽依据所购买薄膜的幅宽确定，中间两幅较宽，侧面的两幅较窄。采用扒缝放风方式，留三道通风口，中央一道，两侧各一道（图 16-4）。

用电话线作压膜线，因为铅丝容易烫破或腐蚀薄膜，尼龙绳又容易老化。每道拱竿之间设一道压膜线，压膜线两端绑在埋于大棚两侧的地锚上（图 16-5）。

棚头部分的薄膜下部埋入地下，棚头中部设 3 道竹片，预先在竹片上钻孔，用铅丝穿过竹片上的小孔以及薄膜，与棚内对应部位的竹片绑在一起。棚头中部留门，为减少冷风吹入，门要尽可能小些，用木条作门框，其上钉塑料薄膜。

图16-4　覆盖塑料薄膜后的竹结构大棚

图16-5　固定压膜线的地锚

五、问题与拓展

由于全竹结构塑料大棚所用竹竿的强度较低，因此棚内会有大量竹竿立柱，严重影响工作人员田间操作以及机械化作业，试查阅资料，或实地调查，提出切实可行的解决方案。

六、作业与思考

1. 调查当地全竹结构塑料大棚的应用效益。
2. 调查当地全株结构塑料大棚的用料详情及建造成本。

项目17　日光温室的类型观察与结构测量

一、目的与意义

日光温室结构是否合理，直接关系到日光温室的利用效率。本项目旨在通过对实验站及城郊主要类型日光温室的现场调查和测量，加深对课堂讲授内容的理解，了解日光温室基本结构、建造方式、存在问题、生产季节及其在园艺作物生产上的地位与作用。同时，学会日光温室的测量、记录方法。

二、任务与要求

认识当前常见的几种日光温室类型，观测指定日光温室的结构，获得基本结构数据，绘制一张所观测日光温室的截面草图，标注高度、跨度、前屋面主要部位角度、后屋面仰角、立柱间距等关键参数。

三、材料与用具

校内外实习基地各种日光温室，幻灯片。观测工具有50m卷尺，1m钢直尺，量角器，记录纸，记录板，A3绘图纸。

四、内容与步骤

（一）观察温室类型

观察实验站及城郊的土墙竹拱日光温室（图17-1）、砖墙钢筋（管）结构日光温室（图17-2）、土墙钢筋（管）结构日光温室（图17-3）、砖墙水泥拱架日光温室（图17-4）、砖墙竹拱架日光温室（图 17–5）、土墙琴弦式日光温室（图 17–6）。没有条件参观的温室类型，可参见课件或挂图。

图17–1　土墙竹拱日光温室

图17–2　砖墙钢筋（管）结构日光温室

图17–3　土墙钢筋（管）结构日光温室

图17–4　砖墙水泥拱架日光温室

图17–5　砖墙竹拱架日光温室

图17–6　土墙琴弦式日光温室

（二）观测温室结构

到园艺实验站蔬菜栽培区，每组选择一栋日光温室进行测量（图 17–7）。着力测量如下几个基本参数，详细信息填入下面的观测记载表。

①温室长度、高度、跨度。

②墙体高度、厚度、材料。

③前屋面采光角，骨架材料的种类、规格、数量，覆盖材料的种类、规格、数量。

④后屋面仰角、厚度，建造材料、材料规格、材料用量等。

⑤温室建筑面积、实用面积。

⑥计算出温室的高跨比、前屋面与后屋面地面投影比。

表　温室结构观测记载表

调查日期：　　　　　　调查地点：

调查项目		单位	日光温室之一	日光温室之二
温室	长	m		
	宽	m		
	高	m		
温室占地面积		m^2		
栽培床	长	m		
	宽	m		
	深	cm		
栽培床面积		m^2		
土地利用率		%		
采光面	长（东西向）	m		
	宽（弧长）	m		
	面积	m^2		
通风方式		—		
通风装置个数		个		
通风口总面积		m^2		
前屋面角度	前端与地面夹角	°		
	主要受光面与地面夹角	°		
	顶部与地面夹角	°		
人行道宽		m		
加温设施	类型	—		
	个数	个		
	规格	m		
	位置	—		
后墙	用料	—		
	厚度	m		
	内高	m		
	外高	m		
山墙	最高	m		
	厚度	m		
后屋面	用料及组成	—		
	厚度	m		
	仰角	°		

（续表）

调查项目		单位	日光温室之一	日光温室之二
立柱	材质或用料	—		
	截面直径（边长）	m		
骨架	类型及用料	—		
	拱杆直径	cm		
	拱杆间距	m		
	拉杆直径	cm		
	拉杆道数	道		
不透明覆盖物	用料	—		
	单幅长 × 宽	m × m		
	厚度	cm		
备注				

（三）绘制结构草图

按照建筑制图的基本要求，依据测量所得数据，绘制所测量的日光温室截面图，练习日光温室设计中的绘图方法（图 17-8）。

图17-7　日光温室结构测量

图17-8　绘制温室结构草图

五、问题与拓展

（一）温室的几种分类方法

（1）根据屋面数量　分为单屋面温室和多屋面温室。

① 单屋面温室。一面坡式、两折式（一斜一立式）、三折式、半拱圆形。

② 多屋面温室。拱圆型连栋温室和屋脊型连栋温室。

（2）根据覆盖材料　分为玻璃温室、塑料薄膜温室和塑料板材温室 3 种。

（3）根据热量来源　分为加温温室和日光温室两种。

（4）根据温室用途或保温性　分为冬用型温室和春用型温室。

（二）设施的发展趋势

从风障畦到温室，基本上体现了园艺设施的结构由简单到复杂，由低级到高级的发展过程。园艺设施从部分改变环境条件进行早熟栽培（如风障畦）到完全人工控制环境条件进行全年生产（如自动控制的连栋温室），人工控制设施内小气候条件的能力越来越强。各类设施配合使用，对改善寒冷和炎热季节的鲜菜生产条件，实现蔬菜的周年均衡供应具有重大意义。

不同结构的设施类型，适合的不同栽培季节和栽培方式，同时也代表了不同历史阶段的生产水平。通过调查各种类型设施结构及其所占比重，可以深刻理解和掌握课堂知识，还能了解目前该单位或该地区设施生产的大致水平。

六、作业与思考

1. 根据所学知识分析被调查日光温室存在的问题，提出改进意见。

2. 分析日光温室结构原理的异同点和节能的有效措施。

项目18　蔬菜生产基地初步规划及日光温室设计

一、目的与意义

运用所学理论知识，结合当地气象条件和生产要求，学习对一定规模的设施园艺生产基地进行总体规划和布局；学会进行日光温室设计的方法和步骤，能够画出总体规划布局平面图（可为示意图）。单栋日光温室的正立面、侧立面、截面图等，使工程建筑施工单位能通过示意图和文字说明，了解生产单位的意图和要求。

二、任务与要求

完成园区总体规划布局平面图（可为示意图），日光温室正立面图、侧立面图、截面图。

三、材料与用具

比例尺、直尺、量角器、铅笔、橡皮等以及专用绘图用具和绘图纸。

四、内容与步骤

（一）设计条件

1. *地理位置*　基地位于北纬 40°，年平均最低温 –14℃　极端最低 –22.9℃，极端最高 40.6℃。太阳高度角冬至日为 26.5°（上午 10 : 00 时为 20.61°），春分为 49.9°（上午 10 : 00 时为 42°）；冬至日（晴天）日照时数 9h，春分日（晴天）12h；冬季主风向为西北风，春季多西南风，全年无霜期 180d。

2. *园区面积*　总面积约 10hm^2，东西长 500m、南北宽 200m，为一矩形地块，北高南低，坡度＜10°。

3. *温室类型*　设计冬春两用果菜类及叶菜类蔬菜生产温室，及生产育苗兼用温室若干栋，每栋温室规模 333.3m^2 左右，用材自选。温室数量，根据生产需要，自行确定。

4. *设计要求*　温室结构要求保温、透光好，生产面积利用率高，节约能源，坚固耐用，成本低，操作方便。

（二）设计步骤

1. *设计准备*

（1）*规划园区布局*　根据园区面积、自然条件，先进行总体规划，除考虑温室布局外，还要考虑道路、附属用房及相关设施、温室间距等合理安排，不要顾此失彼。

（2）思考温室设计要件　温室的保温条件与温室容积大小，墙的厚度，覆盖物种类及温室严密程度有关。光照条件的优劣除受外界阴、晴、雨、雪变化影响外，还与透明屋面与地面的交角的大小、后屋面仰角，前后屋面比例，阴影的面积及温室方位等有关。室内利用率大小则受温室的空间大小、保温程度和作物搭配等影响，根据修建温室场地、生产要求、经济和自然条件，选择适宜的类型和确定温室大小（长、宽、高）。

（3）确定温室基本形状　在坐标纸上按一定比例画出温室的宽度，再按生产目的和前后比例定出中柱的位置和高度；钢骨架温室没有中柱，也需确定屋脊到地面垂直高度及后屋面投影长度。结合冬春太阳高度的变化确定透明屋面的角度，从便于操作管理及保温需要，确定后墙高度和厚度。温室的构架基本完成后，进一步做全面修改到合理为止。

（4）确定建筑材料　设计拱杆（或钢架）的间距和通风窗的大小及位置，确定立柱间距及数量，从而确定温室墙体、拱架、立柱、通风口所用建筑材料及用量。

2. 平面设计　参照、模仿图 18–1、图 18–2、图 18–3 日光温室设计图纸，自行进行日光温室平面设计。

（1）日光温室平面图　要画出墙的厚度、柱子的位置（钢架温室可以无柱）、工作间的大小（图 18–1）。

（2）日光温室南（正）立面图　要画出拱杆数量、间距；立柱数量及高度；后墙内侧高度；后屋面高度（图 18–2）。

（3）日光温室侧立面图　要画出侧墙轮廓；温室宽度、高度。

（4）日光温室断面图　要画出各排立柱间距，各排立柱高度；温室宽度；后屋面形状和高度；后墙厚度和高度（图 18–3）。

（5）设计说明　写出所设计的一栋温室基本参数，以及建材种类、规格、数量，经费概算。

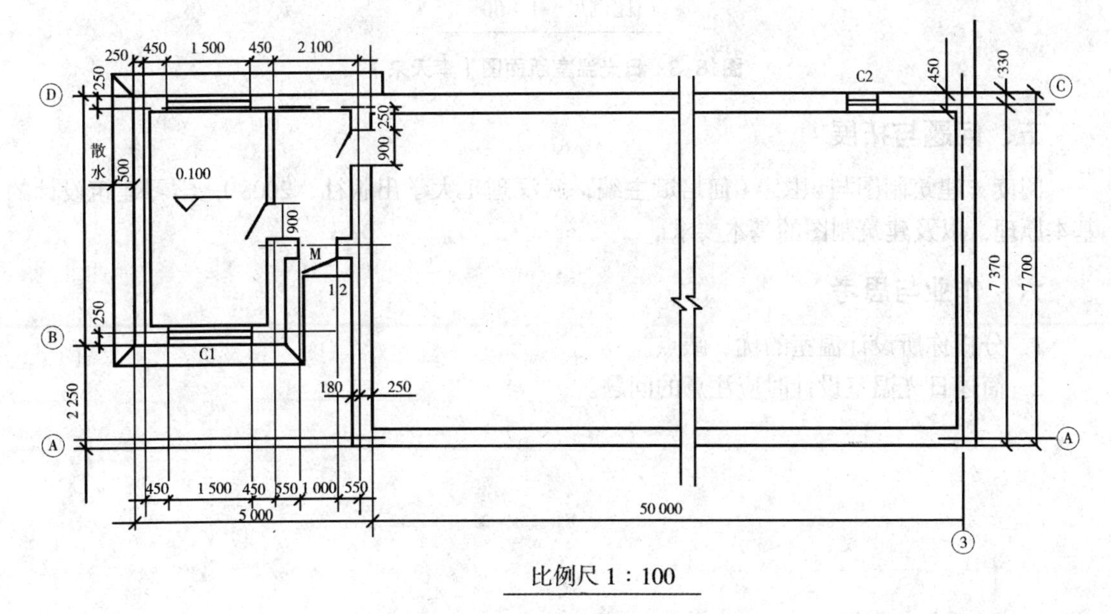

比例尺 1∶100

图 18–1　日光温室平面图（李天来）

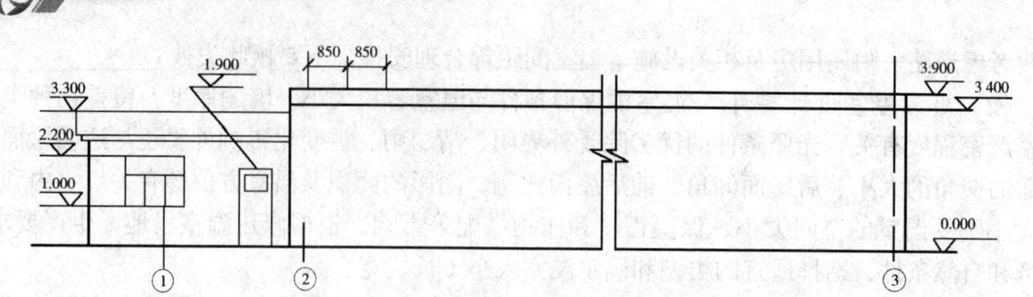

比例尺 1：100

图18-2　日光温室南立面图（李天来）

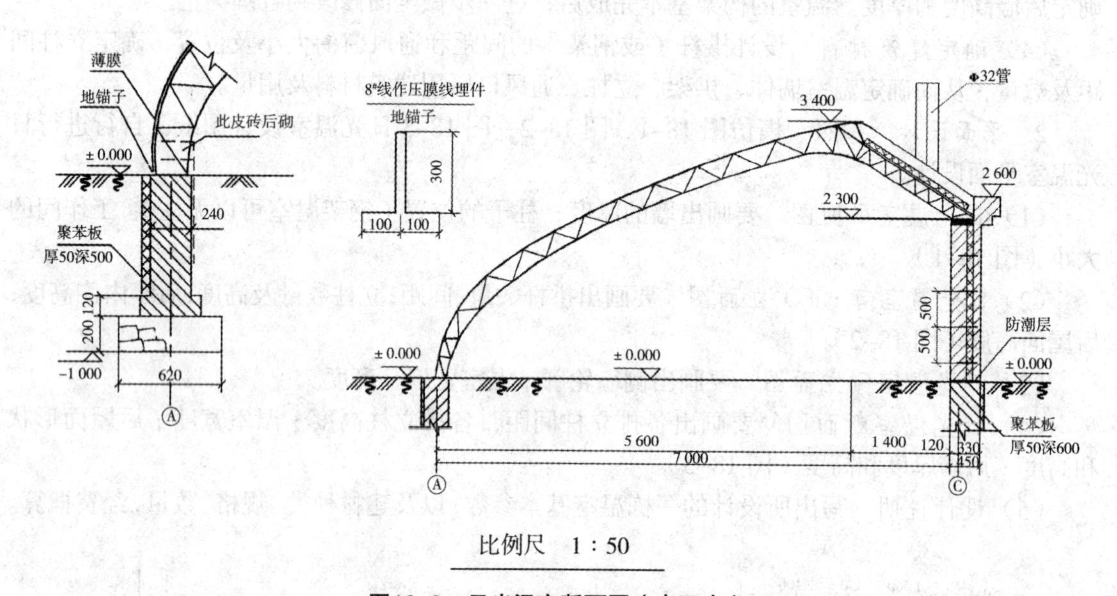

比例尺　1：50

图18-3　日光温室断面图（李天来）

五、问题与拓展

阅读《建筑制图与识图》（何培斌主编，武汉理工大学出版社，2008），学习建筑设计的基本原理，以及建筑制图的基本要求。

六、作业与思考

1. 分析你所设计温室的优、缺点。
2. 简述日光温室设计时应注意的问题。

项目19 高效节能型日光温室的建造

一、目的与意义

高效节能型日光温室是比较完善的保护地类型，也是冬季蔬菜生产的主要设施。通过实践，可使学生基本掌握日光温室的建造方法。

二、任务与要求

在秋季，9 ~ 10 月，观察城郊蔬菜生产基地的日光温室建造过程。如果有条件，可在保证安全的前提下，结合自身体力和能力，积极参与学校实验站日光温室的建设与维护。

三、材料与用具

钢筋、水泥、黏土砖等建筑材料。

四、内容与步骤

1. 建造时间 日光温室一般在雨季过后开始修建，土壤封冻之前完工。

2. 选地 选择东西向延长,阳光充足,南面无遮阳物,无污染,水电方便的地块建造温室。

3. 备料 根据温室面积及要求将料备齐，并对材料进行加工处理。

4. 定位放线 即按设计的总平面图的要求，把温室的位置定到地面上，包括后墙、东西侧墙、工作间（缓冲间）、后柱、中柱、前柱、拱杆的位置。

5. 筑墙 土墙最为常见，不仅造价低廉，而且由于土壤具有良好的保温和贮热能力，其栽培效果也很好，不足之处是容易损毁，使用年限偏短。建造时，用挖掘机将表层的 20cm 深度范围内的耕作层土壤移出，置于温室南侧，因为表层土壤经过了多年种植，属于熟土，理化性质优于下层生土，待温室墙体建成后，再将这部分土壤回填。用挖掘机挖土并堆成温室的后墙和侧墙，再用挖掘机或推土机碾实，也可用电动砸夯机夯实。注意，在留门的位置要预先用砖做成拱圈，状如地道。墙体堆好后，用挖掘机从内层切削，切下的土壤推平，再将移出的表层土壤回填。按此法建成的温室墙体很厚，下部厚度达 3 ~ 4m，上部也在 1m 以上（图 19-1）。

砖墙比土墙坚固，但砖墙的保温和贮热性能都不如土墙，因此，在建造砖墙时一定要注意，墙体一定要有足够的厚度，至少要建成空心三七（厚 37cm）墙，即第一层宽 24cm，第二层宽 12cm，中间夹 5cm 空心；或三层都是 12cm，中间夹两层 5cm 空心，这样即坚固，保温性能又好。甚至可建成 4 层空心砖墙，每层 12cm 厚，在最外层的空心中还可加入聚苯乙烯泡沫塑料板，进一步增强保温能力。也有墙体为两层，内侧 24cm 厚，外侧 37cm 后，中间有 80cm 夹层，用土壤、珍珠岩、炉渣、锯末等填充(图 19-2)。建造这种永久性墙体，要先用沙子和毛石建 50 ~ 60cm 深的地基，然后砌

图19-1 挖土堆墙

墙。注意东西侧墙与前屋面、后屋面形状吻合。无论哪种墙体，砌筑时都要避免产生缝隙，抹好墙面，以防透风。

6. 建造后屋面 檩椽结构后屋面，要先埋柱，后柱下面要放柱脚石，向北倾斜 5°，立柱要求高矮一致，排成一直线。柱埋完后固定檩，檩一定要平，并在侧墙处插进 20cm 深，檩上排放椽（图 19-3）。采用钢筋或钢管拱架的温室，不用柁檩结构，而是直接用延伸到后墙的拱架做支撑物（图 19-4）。

图19-2 双层夹心墙体

图19-3 檩椽结构后屋面

图19-4 用钢筋拱架支撑的后屋面

用秸草作覆盖物的后屋面，先在骨架上铺 10cm 厚秫秸并固定，然后加 10cm 厚的碎草或稻壳和高粱壳等，上面再加 10cm 厚秫秸，上抹 5 ~ 10cm 厚草泥。

用炉渣、水泥、沙浆封顶的后屋面，在温室后屋面内侧安放 2 ~ 3cm 厚木板，然后铺两层 5 ~ 6cm 厚的草苫，上部铺放 20 ~ 30cm 厚炉渣，再用 5cm 厚水泥沙浆封顶；钢筋混凝土预制板结构的后屋面，在温室后屋面内侧铺 5 ~ 10cm 厚钢筋混凝土预制板，外侧覆盖 30cm 厚田土或草泥。

7. 建造前屋面

（1）竹木结构前屋面 竹木结构温室的前屋面用材较多，遮阳较重，坚固性差，但造价低廉。建造方法有多种。

其一，在温室前屋面下设置 3 排立柱，也就是说每一根拱杆下面都有 3 根立柱，立柱用竹竿做成，而每根拱杆均由上部的竹竿和接地部分的竹片组成。最后用 8 号铅丝分别将各排立柱连接起来。这种前屋面的建造方法操作简单，受力均匀，结构不易变形，温室内光照均匀，缺点是立柱太多，将来田间操作不便，而且遮光较严重。

其二，可按建造琴弦式温室的方法建造前屋面，在温室内每隔 4 ~ 5m 设立 1 个钢筋结构加强架，作为前屋面的主要受力结构，然后东西方向拉 8 号铅丝，每道铅丝间隔 40cm，铅丝上铺拱杆，拱杆上覆盖塑料薄膜，拱杆和铅丝共同构成网格状结构，承托着薄膜。这种温室前屋面下面的立柱很少，甚至没有立柱，操作方便，但温室的东西侧墙一定要坚固，如果是土墙的话，应该埋设水泥柱作铅丝的支持物，每道铅丝要加一个紧线器，以将铅丝拉紧。

其三，在温室前屋面下设置 2 ~ 3 排立柱，同一排立柱的间距为 3 ~ 4 m，立柱之上放拉杆（檩）。用竹竿和竹片作拱，每道拱前端为竹片，后部为竹竿。拱杆直接搭在拉杆上。

其四，一种前屋面更为简单，在立柱上直接拉铅丝或钢丝绳作为拉杆，将拱杆架于其上，这样的前屋面遮光少，且富有弹性，能抵御风灾雪害，但不适宜安装卷帘机。

（2）钢筋或钢管拱架前屋面　这种前屋面造价较高。通常采用的是双弦钢拱架，预先焊接好各个拱架，完成后整体组装（图 19-5）。拱架后部搭接在后墙上，可同时起到支撑后屋面的作用。除使用普通的二弦拱架为，每隔 10 m左右，要安放一个三弦钢管架，既坚固，又便于每年覆盖薄膜人员爬上爬下，方便作业。温室前沿是砖混结构的基座，钢拱架固定在基座上，这样整个温室构件连成一体，十分坚固（图 19-6）。

图19-5　制作拱架

图19-6　安装拱架

8. 埋地锚　每两拱之间埋一地锚，用于固定压膜线。

9. 覆膜　选晴朗无风的天气覆膜。膜长应比温室实际长度长一些，使薄膜尽量包住一部分侧墙。覆盖两幅膜前屋面，先固定底部小幅膜，再覆盖上部宽幅膜，与后屋面外侧搭接 40cm，并要压住下幅膜，两幅膜重叠 30cm 左右。覆盖三幅膜的前屋面，覆膜方法与之相似。覆完薄膜后，固定并拉紧压膜线。

10. 挖防寒沟　在日光温室前屋面底脚下挖一条地沟，内填干草，密封隔寒。一般沟宽 30 ~ 40cm，沟深 40 ~ 60cm，防寒沟填满干草后，顶部压一层 15cm 厚黏土，并向南倾斜，以防雨水流入沟内。

11. 覆盖草苫　10 月中旬至 11 月初，天气转冷时覆盖草苫。

五、问题与拓展

根据当地气候和经济特点，分析哪种日光温室最适宜当地蔬菜栽培需求。走访城郊菜农，调查温室建造经验。

六、作业与思考

简述日光温室的筑墙、建造后屋顶、建造前屋面、覆膜、覆盖草苫技术要点。

项目20　日光温室薄膜及草苫覆盖技术

一、目的与意义

了解聚氯乙烯无滴膜和聚乙烯无滴膜的性能，掌握薄膜黏合、覆盖技术，掌握日光温室不透明覆盖物——草苫的覆盖技术。

二、任务与要求

本项目结合秋季温室管理与维护，分三次进行，第一次，黏合薄膜，要求薄膜结合部位平展、坚固、无气泡。第二次，多人合作覆盖一个温室的薄膜，要求薄膜绷紧，平展，压膜线绑缚牢固。第三次，在覆盖薄膜15d后，覆盖一个温室的草苫，要求搭接均匀，拉绳位置正确，能顺利卷放。

三、材料与用具

塑料薄膜、环已酮专用胶水、草苫、压膜线、尼龙绳、8号铅丝。

四、内容与步骤

（一）黏合塑料薄膜

目前常用的塑料薄膜主要有聚氯乙烯无滴膜和聚乙烯无滴膜两种，这两种薄膜都具有良好的透光性和无滴性。从生产应用上看，目前多采用聚氯乙烯无滴膜。一般用2块或3块薄膜覆盖前屋面，用两块薄膜覆盖时放风口位置多设在顶部距后屋面60 ~ 80cm处；用3块薄膜覆盖时要设2个放风口，上部的放风口距屋脊60 ~ 80cm，下面的放风口设在距地面100cm处。因此，覆盖薄膜前要根据前屋面长度、宽度、薄膜宽度、两端埋土部分长度、两块不同膜的重叠部分长短及放风口位置，剪切和连接好相应大小的2块或3块薄膜。

在最下部薄膜的一个边缘及以中部薄膜的两个边缘，分别折4 ~ 5cm，在里面包埋3mm左右粗的尼龙绳，然后将绳子熨烫在里面或用专用的聚氯乙烯薄膜黏合剂将其黏在里面，这样可防止放风时撕裂薄膜，也能保证在关闭放风口时薄膜能紧密地搭接在一起（图20–1）。

聚氯乙烯薄膜黏合剂的主要成分是环乙酮，只能用于黏合聚氯乙烯薄膜，不能黏合聚乙烯薄膜。涂胶前应将两个粘接面擦干、擦净，不能有水或土，然后才能涂胶。涂胶时，两个面都要涂胶，胶层应涂得薄而均匀，涂胶面应大于粘接面，以保证边缘部分粘接牢固（图20–2）。涂胶后根据气温适当晾置。气温高时，如20 ~ 30℃，晾1 ~ 2min即可。晾置后将两粘接面紧密粘合，用手、圆辊或较软的物品压粘接面，以将空气赶出，使两层薄膜紧密粘合。这种胶为压敏型胶，验证强度时，只能拉，不能揭。粘接后放置一段时间方可达到最高强度。胶水使用后，要保留瓶塞、垫膜，盖紧瓶口后置于阴凉处保存。阴雨天及潮湿环境下不宜进行粘接作业。

图20-1 在薄膜边缘包埋尼龙绳

图20-2 用环己酮黏合剂连接薄膜

（二）覆盖塑料薄膜

覆盖薄膜的顺序时先覆盖最下面的一块，然后依次覆盖上部薄膜（图 20-3）。覆膜时，要首先把薄膜的一端卷上竹竿固定在一面侧墙外部。然后向温室另一端拉紧，并固定薄膜的上端，然后拉紧下端，沿温室走向缓慢展开，最后将另一端用同样的方法卷上竹竿固定在侧墙外面，最后系上并拉紧压膜线（图 20-4）。由于聚氯乙烯薄膜受热伸长率较高，所以覆盖薄膜多选在无风的晴天中午进行，以保证薄膜能充分绷紧。

图20-3 由下而上依次覆盖薄膜

图20-4 薄膜两端卷竹片钉在侧墙上

（三）覆盖温室草苫

所用的草苫最好采用蒲草苫或稻草苫，蒲草苫的保温效果比稻草苫差一些，但比稻草苫使用年限长。冬季生产要覆盖双层草苫，上草苫前要先挂好拉苫绳。

10 月底覆盖草苫。上草苫时，先整理拉草苫用的绳子，将绳子的一端固定在温室的后屋面上，而后从温室上将其甩下来，两两一组，不要相互缠绕。从温室靠近草苫存放处的一端开始覆盖，这样，由于操作位置都覆盖了草苫，可保障操作人员安全。先把草苫卷起来，抬到温室后屋面上（图 20-5）。然后，向推碌碡一样，将草苫推到预定位置，摆放端正，向下推，使其展开，站在温室后屋面上和温室前部地面上的人员相互合作，调整一下草苫的上下位置，如果草苫很长，看将多余的部分覆盖在温室后屋面上，不要在温室前沿积存过多。铺好后将草苫拉起来，天黑前再放下来（图 20-6）。注意，栽培越冬茬蔬菜的温室通常要覆盖一层半至两层草苫，要先覆盖下面的那层。其中，覆盖一层半者，两幅草苫之间要保持一定距离，用第二层草苫填补缝隙。

图20-5　将草苫运上温室后屋面

图20-6　覆盖草苫

五、问题与拓展

日光温室不透明保温覆盖材料包括草苫、蒲席、纸被和棉被等。缺点是笨重，卷放费工、费力，被雨雪浸湿后，既增加了重量，又使保温性能下降，而且对薄膜污染严重，容易降低透光率。而目前开发的新型保温被在克服上述缺陷方面有了一定进展。理想的保温被应具有导热系数小，保温性好，重量适中，易于卷放，防风性、防水性好，使用寿命长等优点。目前使用的保温被共有 7 种类型。

1. 针刺毡保温被　针刺毡是用旧碎线（布）等材料经一定处理后重新压制而成的，造价低，保温性能好。针刺毡保温被用针刺毡作主要防寒保温材料（还可以一面用镀铝薄膜与化纤布相间缝合作面料），采用缝合方法制成。这种保温被自身重量较复合型保温被重，防风性能和保温性能较好。它的最大缺点是防水性较差。但是如果标明用防雨布，就可以做成防雨的保温被了，另外，在保温被收放保存之前，需要大的场地晾晒，只有晾干后才能保存。

2. 复合型保温被　这种保温被采用 2mm 厚蜂窝塑料薄膜 2 层，加 2 层无纺布，外加化纤布缝合制成。它具有重量轻、保温性能好的优点，适于机械卷放。它的缺点是里面的蜂窝塑料薄膜和无纺布经机械卷放碾压后容易破碎。

3. 腈纶棉保温被　这种保温被采用腈纶棉、太空棉作防寒的主要材料，用无纺布做面料，采用缝合方法制成。在保温性能上可满足要求，但其结实耐用性差。无纺布几经机械卷放碾压，会很快破损。另外，因它是采用缝合方法制成，下雨（雪）时，水会从针眼渗到里面。

4. 棉毡保温被　这种保温被以棉毡作防寒的主要材料，两面覆上防水牛皮纸，保温性能与针刺毡保温被相似。由于牛皮纸价格低廉，所以这种保温被价格相对较低，但其使用寿命较短。

5. 泡沫保温被　这种保温被采用微孔泡沫作主料，上下两面采用化纤布作面料。主料具有质轻、柔软、保温、防水、耐化学腐蚀和耐老化的特性，经加工处理后的保温被不仅保温性持久，且防水性极好，容易保存，具有较好的耐久性。它的缺点是自身重量太轻，需要解决好防风的问题。

6. 防火保温被　防火绝热保温被是在毛毡的上下两面分别粘合了防火布和铝箔。还可以在毛毡和防火布中间粘合了聚乙烯泡沫层。其优点是设计合理、结构简单，具有良好的防水、防火、保温、抗拉、可机械化传动操作、省工省力、使用周期长等特点。

7. *混凝土保温被* 导热系数小，保温性能佳，尤其在温差变化大时较为突出；吸水率低、防潮性能好；有良好的拉伸性和抗压性；使用方便、施工简单、有适宜的外形尺寸；无味无毒。

六、作业与思考

1. 分析日光温室三幅膜覆盖和两幅膜覆盖的栽培效果有何不同？
2. 不同季节使用的日光温室对覆盖草苫的层数有何要求？

项目21 设施性能观测

一、目的与意义

设施内的小气候是指在特定的设施内形成的局部气候，这种气候特点主要表现在温、光、湿、气、土几个气候要素的数值及其变化规律。本项目通过对设施内的小气候上述几个要素的观测，了解温室（大棚）内温度、光照、湿度的分布特点及日变化规律，掌握温室（大棚）的小气候特点及其对作物生育的影响，并学会设施小气候的观测方法，为今后的研究及应用打下基础。

二、任务与要求

观测结果填入下面的观测记载表。根据观测温度绘制温室（大棚）断面等温线图；绘制温室（大棚）断面图，标出各位置的光照强度，并标出露地同一时间的光照强度。

三、材料与用具

1. *材料* 日光温室或塑料大棚。

2. *用具* 通风干湿球温度计、湿度计（均为日记）；照度计；曲管地温表、地面温度表；最高最低温度表；水银或酒精温度计、自记温度计；线绳、纱布、竹竿、钢卷尺、铁铲等。

四、内容与方法

（一）观测温度

1. *温度分布情况观测*

（1）*气温测量* 在日光温室（或东西延长塑料大棚）东西方向选 3 个垂直剖面（东、西、中），间距相等。对每个剖面再沿南北方向至少设 3 排测点（南、北、中），排与排间距相等，共 9 个观测点。如果为大棚，两边的一排距离棚边 0.5m，位置确定后可用线绳悬吊一串温度表。此外，如果条件许可，可设置多排，比如可每隔 50 ~ 100cm 设置一排，观测效果会更好。同一位置的一串温度表中，最下方的一个温度表的感应球底部要距地面 50cm 以上，其上每隔 50 ~ 100cm 距离设置 1 个温度计观测点，最上部温度计感应球顶部距薄膜不得短于 20cm。观测时间为 8：00、14：00 及 20：00。读数时，读取一遍后，按相反的读数顺序，再读一遍，以抵消观测时间不同造成的误差（图 21-1）。然后，将观测数据记入观测记载表。

在露地设置一个观测点即可，高度与设施内温度表高度对应，观测时间与设施内相同。

（2）地温测量　在温室（大棚）内按按东、中、西和南、中、北设置 9 个测点。地面设地面温度表、最高最低温度表，并埋入 5cm、10cm、15cm、25cm 地温表。观测时间：8：00、14：00 及 20：00（图 21-2）。

图21-1　观测气温

图21-2　观测地温

2. 温度日变化观测　气温日变化可以取设施和露地 1m 高处的温度变化为代表进行观测，记载 2：00、6：00、10：00、14：00、18：00 及 22：00 的温度。如果有条件，可每小时观测一次，然后绘制变化曲线。露地设置一个观测点即可，观测时间与设施内相同。

（二）湿度测量

参照气温温度观测方法，在相同位置设置干湿球通风表或（1 支干球温度表和 1 支湿球温度表），并设置自记湿度。观测时间：8：00、14：00 及 20：00。

（三）观测光照强度

1. 光照分布观测　测点选择、观测时间（夜间除外）与温湿度观测一样，观测时间也可在正午进行。观测时，各点来回各测 1 次，两次读数均记入表内，求出平均值（图 21-3、图 21-4）。

图21-3　教师讲解照度计使用方法

图21-4　测量光照强度

2. 光照日变化观测　在设施内部以及露地同时测量光照，如有条件，最好每小时测量一次。光照强度变化迅速的节点可每半小时观测 1 次，绘制变化曲线。

五、问题与拓展

温室和塑料大棚是生产中应用的主要设施，其小气候特点与露地差异较大，而且该小气候与作物的生长密切相关。在设施生产中，生产者对环境干预、控制和调节的能力与影响，比露地生产大得多。管理的重点是根据作物的生物学特性对环境条件人为调节控制，人为创造出作物生育所需的最佳的综合环境条件，尽可能使作物与环境间协调、统一、平衡，充分发挥作物本身的特性，从而实现优质、高产、高效。设施内的小气候中，对作物生长发育影响最大的环境因子是光照、温度和湿度，而设施内的光照和温湿度受自然界的太阳光、温湿度影响最大；其次，设施的大小、结构不同，光照和温湿条件也有差异，同时设施内还存在局部差异。只有充分了解设施内的光照和温湿条件及其在设施内的分布趋势，才能因地制宜地优化设施结构，制定出合理的环境调控措施，改善设施内的小气候，利于作物生长发育。

六、作业与思考

1．依据绘制的温室（大棚）断面等温线图简述其分布规律。

2．简述温室（大棚）内湿度分布及温室内湿度日变化规律。

3．温室（大棚）内温、光、湿的变化规律和作物生长发育的关系如何?

4．为了降低温室（大棚）内温、光、湿的分布差异对作物造成的负面影响，生产上应采取哪些措施?

表　设施东西水平温度、光照、湿度观测记载表

年　　　月　　　日　　　时　　　天气

观测部位			南部				中部				北部				室内	露地
			东	中	西	平均	东	中	西	平均	东	中	西	平均	平均	
气温	50cm	1														
		2														
	100cm	1														
		2														
	150cm	1														
		2														
	200cm	1														
		2														
	250cm	1														
		2														

（续表）

观测部位			南部				中部				北部				室内	露地
			东	中	西	平均	东	中	西	平均	东	中	西	平均	平均	
地温	0cm	1														
		2														
	5cm	1														
		2														
	10cm	1														
		2														
	15cm	1														
		2														
光照	1															
	2															
空气湿度	干球															
	湿球															
	湿度（%）															

第三篇　栽培管理

项目22　种子播前处理

一、目的与意义

播种前对蔬菜种子进行一定处理，是防止种传病害发生，促进种子迅速发芽，培育壮苗的技术措施。通过实践，可使学生了解种子处理在生产上的意义，并掌握果菜类蔬菜种子常用的浸种催芽技术。

二、任务与要求

采用温汤浸种、热水浸种以及一般浸种的方法，对指定种子进行播种前处理，而后进行催芽，并统计种子发芽率和发芽势，填写表22–1。

三、材料与用具

1. 材料　黄瓜、西瓜、番茄、茄子和其他蔬菜种子。

2. 用具　培养皿、滤纸、镊子、烧杯、玻棒、开水、温度表、电炉、恒温箱等。

四、内容与步骤

1. 种子消毒

（1）热水烫种　取冬瓜种子100粒，置于塑料盆、烧杯或其他容器内，加85℃水，立即用另一个容器来回倒换，动作要迅速，当水温降至55℃时，改用搅棒搅动，以后步骤同前述的温汤浸种方法。浸种后的种子若不进行催芽，在浸完洗净后，使水分稍蒸发至互不黏结时，即可播种，或加入一些细沙、草木灰以助分散。另外，经过浸种的种子必须播在湿度适宜的土壤中，若播在干燥土壤中效果反而不如不浸种。

（2）温汤浸种　将一定数量的黄瓜种子（约100粒）置于烧杯中，如入55℃温水，水量为种量的5 ~ 6倍不停搅拌，并随时加温水，维持55℃水温10min；而后加凉水，使水温降至25 ~ 30℃，浸泡4 ~ 5h，而后捞出，稍晾；将种子平铺在有潮湿滤纸的培养皿中（皿盖要留一定的间隙），置25 ~ 30℃恒温箱中催芽（图22–1）。

（3）药剂消毒　将要处理的种子浸到一定浓度的药液中，经过5 ~ 10min的处理，然后取出洗尽晾干的一种种子消毒方法。药剂浸种用的是药剂的稀释液，要求选用的药剂一定要溶于水，不能用不溶于水或难溶于水的粉剂农药浸种。因为不溶于水或难溶于水的粉剂农药多浮于水面或下沉，造成种子沾药不均匀，沾药过多易使种子中毒，沾不到药液的种子消毒效果差。因此最好是选用水剂、乳油或可湿性粉剂等剂型。药液的用量至少要保证将种子全部浸没在药液中。浸种所用的药剂浓度不是根据种子重量计算的，而是按照药剂的有效成分含量计算。故浸种的药剂浓度应控制在最大允许用量以内，最小用量以上。在此范围内药剂浓度愈大，浸种时间愈短，反之，则应相应延长。因此，浸种药剂浓度要根据不同的品种，掌握其浸种所需要的最佳浓度和浸种时间，既不能用高浓度药剂长时间浸种，也不能用低浓度短时间浸种，否则会造成药害或浸种消毒灭菌的效果不佳。浸种时先将种子用水浸泡，让种子吸水，这样更有利于杀死病菌，然后用清水冲洗干净。常用药剂有 1% 的高锰酸钾溶液、10% 的磷酸三钠溶液、1% 的硫酸铜溶液、福尔马林 100 倍液等。比如，福尔马林 100 倍溶液浸种 15min 后捞出，用清水冲洗干净，可预防茄子褐纹病和黄萎病（图 22-2）。

图22-1　温汤浸种

图22-2　用高锰酸钾溶液进行种子消毒

（4）干热处理　干热处理是将种子放在 75℃以上的高温下处理，这种方法可钝化病毒，是一种防止病毒病传播的有效方法。适用于较耐热的蔬菜种子，如瓜类和茄果类蔬菜种子等。在 70℃的高温下处理 2d，可使黄瓜绿斑花叶病毒完全丧失活力而死亡。干热处理还可以提高种子的活力。但在进行干热处理时要特别注意的是，接受处理的种子必须是干燥的（一般含水量低于 4%），并且处理时间要严格控制，否则热量会透过种皮而杀死胚芽，使种子丧失发芽的能力。

（5）药粉拌种　对于用干种子进行播种的蔬菜种子，可将药剂与种子混合均匀，使药剂黏附在种子的表面，然后播种。药剂的用量一般为种子量的 0.2% ~ 0.3%。注意药剂与种子必须都是干燥的。由于药剂用量少不易拌匀，故可加入适量的中型石膏粉、滑石粉或干细土，先将药剂分散，再将种子与之混合，使药剂均匀的附着在种皮上。常用的药剂有：40% 五氯硝基苯可湿性粉剂、70% 敌克松可湿性粉剂、50% 多菌灵可湿性粉剂、40% 拌种双可湿性粉剂、25% 甲霜灵可湿性粉剂等。

2. 浸种　采用 20 ~ 30℃的水浸泡种子，期间每隔 5 ~ 8h 换 1 次水。此法使种子吸涨，但不能杀菌。主要蔬菜种子浸种催芽的温度见表 22-2。

3. 催芽　将浸泡后的种子捞出，沥去多余水分，用湿纱布或毛巾将种子包好，放在恒温箱中（喜温、耐热性蔬菜 25 ~ 30℃，耐寒、半耐寒蔬菜 20 ~ 25℃）或其他温暖位置催芽，催芽过程中每天用清水冲洗 1 次种子（图 22-3）。当胚根长 1 ~ 2mm 时播种（图 22-4）。

图22-3 将种子置于温暖处催芽

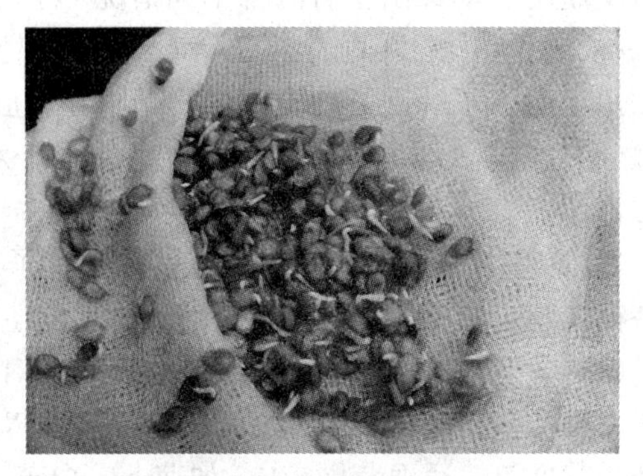

图22-4 催芽后的番茄种子

4. 填表 填写表 22-1。

表22-1 浸种及催芽情况记载表

供试种子数	浸种		浸种后出水的处理	催芽		发芽率	发芽势
	水温	时间		温度	时间		

五、问题与拓展

（一）种子的发芽

1. *发芽过程* 蔬菜种子的发芽过程，在生物化学上是种子形成的逆过程。本质是把种子内所贮备的高分子态的物质，转化为低分子态的营养料，供给幼胚生长发育。所以，蔬菜种子的发芽过程，就是在适宜的温度、水分和氧气条件下，种子内的胚器官利用所贮存的营养进行生长的过程。

与其他作物一样，蔬菜种子的发芽也是经过吸涨、萌动与发芽的过程。有生活力蔬菜种子的吸水过程可分为 2 个阶段：即物理吸水阶段和生理吸水阶段。各阶段水分进入种子的速度和数量，取决于种皮构造、胚及胚乳的营养成分和环境条件。种皮容易透水的蔬菜有十字花科、豆科、番茄、黄瓜等；透水困难的蔬菜种子有伞形科、茄子、西瓜、冬瓜、黄瓜、葱、菠菜等。营养物质中，蛋白质含量多的种子，吸水多而快；含脂肪和淀粉多的种子，吸水少而慢。在物理吸水阶段，影响吸水的主要因子是温度；生理阶段，除温度外，还与氧气有关。种子吸足水分后，种皮变软，内含物吸胀作用使种皮破裂，有利于胚细胞呼吸过程中吸收氧气和排出二氧化碳，原生质由凝胶状态变成溶胶状态，酶开始活动，增强了胚的代谢活动，种子开始萌动。在一系列复杂的生理、生化变化之后，胚细胞开始分裂，伸长生长，进而胚根伸出发芽孔，俗称为“露白”或“破嘴”，种子开始发芽。

种子在萌动与发芽过程中对温度、水分及通气等条件要求较为严格，如遇不适条件，萌发时间延长，发芽不整齐，甚至不能发芽。开始发芽后，相继的是胚轴的伸长，顶着幼芽破土而出。幼芽出土有两种不同情况：子叶出土，如白菜类、瓜类、根菜类、绿叶菜类、茄果类、豆类中的豇豆、菜豆等；子叶不出土，由于下胚轴不伸长，而由上胚轴伸长把幼芽顶出土面，子叶则留在土壤中，贴附在下胚轴上，直到养分耗尽解体，如豆类中的蚕豆、豌豆、多花菜豆等。这类种子穿土力较强。对于子叶出土的种子，播后覆土稍厚则会影响正常出苗。

2. 发芽与环境条件　不同蔬菜种类种子发芽所要求的环境条件不尽相同，了解与掌握其特征是制定催芽、播种及壮苗培育技术的主要依据。

（1）发芽与温度　据福川、宫濑研究（1943），蔬菜种子发芽对土温的反应大致可分为以下三种类型。中温发芽: 如莴苣、菠菜、茼蒿、芹菜等；高温发芽: 如甜瓜、西瓜、南瓜、番茄、黄瓜等；适温范围较广: 如萝卜、白菜、甘蓝、芜菁、葱等。

实际上，各种蔬菜发芽出土对土温的要求既有区别，又有其共同范围。据中国农业科学院蔬菜花卉研究所研究（1982），蔬菜种子正常发芽出土的出土温度极限及适温范围等主要温度参数为：在一定出土时期（10d 或 15d）内，叶菜、茎菜、花菜、根菜的种子发芽温度低限为 11 ~ 16℃，高限为 25 ~ 35℃；瓜类、豆类的低限为 20 ~ 25℃，高限为 30 ~ 35℃。

（2）发芽与水分　Donmen 等（1943）将蔬菜种子发芽时对土壤水分的要求分为四类：严格、比较严格、不太严格与不严格。

① 要求水分严格的蔬菜。以芹菜为代表，在土壤含水量 16% ~ 18%条件下才能达到 73% ~ 82%的发芽率，在含水量 10%以下发芽率为 0%。

② 要求水分比较严格与不太严格的两类蔬菜。发芽时对土壤合水量的要求与反应大致相似,其差别在于前者在永久凋萎点以下（< 9%）的干旱条件下的发芽率极低,如莴苣、豌豆等；而后者即使在这样条件下，发芽率仍可达到 70%，如胡萝卜、菜豆等。

③ 要求水分不严格或比较耐干旱的蔬菜。种类较多，如甘蓝、南瓜、西瓜、番茄、西葫芦、甜瓜、辣椒、黄瓜、洋葱、菠菜等，这些蔬菜种子在土壤含水量处于凋萎点甚至低于凋萎点时均有较高的发芽率，除辣椒外，这类蔬菜种子发芽对土壤含水量的适应性较广。

从 Donnen 实验结果也可看出，不论哪类蔬菜，发芽率较高的土壤含水量大致都在 10% ~ 16%的范围内，耐旱与不耐旱种子的区别在于是否能在接近凋萎点的土壤含水量条件下具有较高的发芽率。

在人工浸种（恒温）条件下，多数蔬菜种子的吸水经过快（浸种后 12h 内）、慢（12 ~ 24h）、停（24h 以后接近饱和或已饱和）3 个阶段。不同种类蔬菜种子吸水量或吸水速度存在差异。依吸水量大小可分 3 种类型：吸水量超过种子风干重，即达种子风干重的 100% ~ 140%，如豆类、辣椒、冬瓜、瓠瓜、南瓜等，吸水量达种子风干重量 60% ~ 100%的有番茄、丝瓜、甜瓜等；小于 60%（40% ~ 60%）的有黄瓜、苦瓜、茄子等（顾智章等，1979）。种子的吸水量与吸水速度不完全一致。例如，茄果类中 3 种蔬菜的吸水速度都很快；黄瓜吸水量不大，吸水速度也快，豇豆、丝瓜的吸水量属于一二类，而吸水速度则是较慢的。

对种子吸水影响显著的外界因子是温度。在不同水温下，蔬菜种子最大吸水量与吸水速度有明显差异。在物理吸水阶段，温度愈高，吸水愈旺盛；而在生理吸水阶段则不然，温度超过适宜界限，吸水力就会下降。

（3）种子发芽与气体　种子在发芽过程中，营养物质的分解和运转，依靠旺盛的酶促动，这就需要吸收大量的氧气。一般来说，当种子所处环境中氧分压增高时促进发芽，二氧化碳浓度增高时，抑制发芽。不同蔬菜种类种子发芽对氧的要求与敏感程度不同。例如，几种果菜中，黄瓜对氧要求较低，当氧分压降至5%时还有近50%的发芽率；甜椒对氧要求较高，种子正常发芽要求10%以上的充足氧条件；番茄介于以上二者之间。

对种子的呼吸强度发生影响的首要因素是种皮的透气性。在蔬菜育苗中，应采用一些有效措施，确保种子进行呼吸所必需的通气条件。

（4）*种子发芽与光照* 蔬菜种子发芽对光照的反应是有差别的。例如茄果类、瓜类、葱蒜类蔬菜种子基本上属嫌光类型，即在黑暗条件下发芽良好，在有光条件下发芽不良。同属此类，种类间也有差异。如番茄比黄瓜的嫌光性强。菊科的莴苣，伞形科的芹菜、胡萝卜等种子发芽属喜光类型，即在有光条件下发芽比黑暗条件下更好些。这些蔬菜种子在黑暗条件下发芽需要有高温条件，而在有光条件下，低温反而能促进发芽（中村等）。对这类种子的催芽处理，如能在见光条件下进行更为有利。还有一些蔬菜种子如豆类中的一部分蔬菜及萝卜等，发芽时对光的反应并不敏感。

一些化学药品的处理也可以代替光的作用。如用硝酸盐（0.2%硝酸钾）溶液处理，可代替一些喜光发芽种子对光的要求；赤霉素（100mg/L）处理可起到代替红光的作用。

（二）播前种子处理

蔬菜种子播前处理可以促进出苗，保证出苗整齐，增强种胚和幼苗抗性，达到培育壮苗及增产的目的。

根据处理的目的及作用可将种子处理分为以下几种：① 种子清选。如利用水、风等将瘪籽、杂质清除掉等。② 促进种子发芽出土。如浸种、催芽处理等。③ 消毒处理。如利用药剂、高温等方法杀死种子上的病菌、虫卵等。④ 促进壮苗增产。如利用激素、肥料、辐射等方法处理等。⑤ 增强抗逆性。如通过药剂处理或种芽锻炼等方法增强抗寒性、抗旱性等。⑥ 打破休眠。利用药剂或物理等方法打破种子休眠。⑦ 春化处理。⑧ 辐射或化学诱变处理。其中除⑦⑧两种种子处理用于繁种和育种外，其他方法均可根据需要用于蔬菜栽培。现就其中几种主要处理方法简要介绍。

1. *浸种* 浸种是保证种子在有利于吸水的温度条件下，在短时间内吸足从种子萌动到出苗所需的全部水量的主要措施。通过浸种使干燥的种子吸水膨胀，种子内部营养物质分解转化。浸种时浸泡的水温和浸泡时间是重要条件。用水温度同室温（20 ~ 25℃），比较简单方便，容易操作，十分安全，但无杀菌作用，适于一般季节和普通种子采用。主要蔬菜种子浸种催芽的温度见表22–2。

浸种要用非金属容器，防止有毒物质危害种子；浸种时间超过8h时，应每隔5 ~ 8h换水1次。豆类蔬菜不宜浸种时间过长，见种由皱缩变鼓胀时及时捞出，防止种子内养分渗出太多而影响发芽势与出苗力。

表22–2 蔬菜种子浸种温度时间及催芽适宜温度

蔬菜种类	浸种水温（℃）	浸种时间（h）	催芽适温（℃）
黄瓜	20 ~ 30	4 ~ 5	20 ~ 25
南瓜	20 ~ 30	6	20 ~ 25
冬瓜	25 ~ 35	24 ~ 48	25 ~ 30
丝瓜	25 ~ 35	24 ~ 48	25 ~ 30

（续表）

蔬菜种类	浸种水温（℃）	浸种时间（h）	催芽适温（℃）
瓠瓜	25 ~ 35	24 ~ 48	25 ~ 30
苦瓜	25 ~ 35	72	25 ~ 30
番茄	20 ~ 30	8 ~ 9	20 ~ 25
辣椒	30	8 ~ 24	22 ~ 27
茄子	30 ~ 35	24 ~ 48	25 ~ 30
油菜	15 ~ 20	4 ~ 5	浸后播种
莴笋	15 ~ 20	3 ~ 4	浸后播种
莴苣	15 ~ 20	3 ~ 4	浸后播种
菠菜	15 ~ 20	10 ~ 24	浸后播种
香菜	15 ~ 20	24	浸后播种
甜菜	15 ~ 20	24	浸后播种
芹菜	15 ~ 20	8 ~ 48	20 ~ 22
韭菜	15 ~ 20	10 ~ 24	浸后播种
大葱	15 ~ 20	10 ~ 24	浸后播种
洋葱	15 ~ 20	10 ~ 24	浸后播种
茴香	15 ~ 20	24 ~ 48	浸后播种
茼蒿	15 ~ 20	10 ~ 24	浸后播种
蕹菜	15 ~ 20	3 ~ 4	浸后播种
荠菜	15 ~ 20	10	浸后播种

2. 催芽　催芽就是将吸水膨胀的种子置于适宜温度条件下（喜温性蔬菜及耐热蔬菜 25 ~ 30℃，耐寒及半耐寒性蔬菜 20 ~ 25℃）促使种子较迅速而整齐一致萌发的措施。催芽是以浸种为基础，但浸种后也可以不催芽而直接播种。

一般多用瓦盆等非金属容器催芽，将浸好的种子用洁净的白布包起，架空放在干净的瓦盆里，盆上盖一层较厚的布以保温保湿；也可用 1 ： 1 的比例将种子与淘洗清洁的河沙混合装于盆中，以改善种子的保温、保湿及通气条件。装在布口袋内的种子也可以不放在瓦盆内而用其他的方法放置。总之，必须给种子发芽创造良好的温、湿、气条件。

催芽初期可使温度偏高以加速养分的转化和利用，出芽后逐渐降温防止胚根徒长而进行“蹲芽”。为使种子发芽整齐，催芽 4 ~ 5h 后至破嘴前要经常翻动种子，并用清水淘洗，可以散发呼吸热，排除二氧化碳，供给新鲜空气。无论是种子催芽前或催芽期间淘洗后均应将种子稍稍晾干，除去种子表面水膜，以利通气。同理，浸种或催芽的容器应绝对无油污以及其他影响种子发芽的有害物质。有加温温室、催芽室及电热温床设施设备条件的应充分利用进行催芽。但是，在炎热夏季，有些耐寒性蔬菜如芹菜等催芽时仍需放到温度较低的地方。一般情况下，小粒种子有 75%左右种子出芽即可终止催芽进行播种；大粒种子如瓜类种子可催芽长一点。如因某种原因不能及时播种，应将催完芽的种子放在冷凉处抑制芽的生长。主要蔬菜种类的催芽时间可参见表 22-3。

表22-3　主要蔬菜种子催芽所需时间（20 ~ 25℃）

蔬菜种类	催芽时间（h）
豆类、甜瓜、黄瓜	40 ~ 60
茄果类、莴苣、南瓜	60 ~ 80
伞形科、百合科、西瓜	70 ~ 80

3. 物理处理　用物理方法处理种子的主要作用是诱导变异、提高发芽势及出苗率、增强抗逆性等，从而达到选育新品种及增产的目的。例如：

（1）γ射线处理　M. T. Cepemka用伽玛装置照射黄瓜及西葫芦种子，照射后的种子发芽势及出苗率均有所提高，采果期延长，黄瓜增产16%，西葫芦增产14%。

（2）变温处理　把萌动的种子，先放到-1 ~ 5℃处理12 ~ 18h（喜温性蔬菜温度应取高限），再放到18 ~ 22℃处理6 ~ 12h。如此经过1 ~ 10d或更长时间。经过变温处理后胚根的原生质黏性增强，糖分增高，对低温的适应性增强。锻炼过程中种子要保持湿润，变温要缓慢，避免温度骤变。

（3）干热处理　蔬菜种子未达到完全成熟时，经过暖晒处理，有助于促进后熟。番茄种子经短时间干热处理，可提高发芽率；黄瓜、西瓜和甜瓜种子经4h（其中间隔1h）50 ~ 60℃干热处理，有明显的增产作用。种子的干热处理还有消毒防病效果，如黄瓜种子干热处理（70℃，3d）后对黑星病及角斑病的消毒效果很好（[日]梅川学等，1987）。

（4）低温处理　某些耐寒或半耐寒蔬菜在炎热的夏季播种时，可于播前进行低温处理，解决出芽不齐问题。做法是：将浸完种的种子在冰箱内或其他低温条件下，冷冻数小时或十余小时后，再放置冷凉处（如地窖、水井内）催芽，使其发芽整齐一致。低温处理还可用于白菜、萝卜等十字花科蔬菜繁种或育种时的春化处理。如白菜有1/3 ~ 1/2的种子露出胚根时，放入0 ~ 2℃的低温下处理25 ~ 30d，播种后当年就可开花结籽。

4. 化学处理　利用化学药剂处理种子也同样可以起到诱发突变、打破休眠、促进发芽、增强抗性、种子消毒等多方面作用。例如：

①打破休眠。种子休眠的原因，一是胚本身未熟，需要一段后熟时间；二是由于种子中贮藏物质未熟以及抑制萌芽物质的存在，果皮或种皮不透气等。采用一些物理方法如低温处理、干热处理、变温处理、去壳或破伤处理等也可对一些蔬菜种子起到打破休眠的作用。除此以外，应用发芽促进剂如H_2O_2、硫脲、KNO_3、赤霉素等对打破种子休眠有效。如黄瓜种子用0.3% ~ 1%浓度H_2O_2浸泡24h，硫脲（0.2%浓度）促进莴苣、萝卜、芸薹属、牛蒡、茼蒿等种子发芽，用0.2%浓度的KNO_3处理种子可促进发芽，赤霉酸（GA_3）对茄子（100mg/L）、芹菜（66 ~ 330mg/L）、莴苣（20mg/L）以及深休眠的紫苏（330mg/L）均有效；用0.5 ~ 1mg/L赤霉素溶液处理马铃薯打破休眠已广泛应用于马铃薯二季作物栽培。

②促进萌发出土。国内外均有报道，用25%或稍低浓度的聚乙二醇（PEG）处理甜椒、辣椒、茄子、冬瓜等难出土或出土不太整齐的蔬菜种子，可在较低温度下使种子出土提前，出土百分率提高，且苗期生长健壮。此外，微量元素肥料溶液如硼酸、钼酸铵、硫酸铜、硫酸锰等用于浸泡种子（一般浓度为0.02% ~ 0.1%），也都有一定的促进种子发芽及出土的作用。

③种子药剂消毒。可用药剂拌种消毒，一般药量为种子重量的0.2% ~ 0.3%，药剂和种子均必须是干燥的，否则会引起药害和影响种子沾药的均匀度。也可用药液浸种消毒，但药液浓度与浸种时间应严格掌握，浸泡后必须多次冲洗，无药液残留后才能催芽或播种。例如，用100倍福尔马林（即40%甲醛）浸种15 ~ 20min，然后捞出种子密闭熏蒸2 ~ 3h，最后用清水冲洗；用10%磷酸三钠或2%氢氧化钠的水溶液浸种15min，捞出洗净，有钝化番茄花叶病毒的效果；另外，采用种衣剂农药处理种子往往可获得更好的效果。

六、作业与思考

1. 果菜类蔬菜种子进行浸种催芽处理的注意事项有哪些?
2. 如何根据果菜类蔬菜种子的特性确定浸种催芽的条件?

项目23　育苗营养土配制

一、目的与意义

园艺植物育苗期间，幼苗密度大，吸收养分多，加上幼苗根系细弱，吸收能力不强，若土壤中营养不足，将严重影响秧苗的生长发育。为此，常常人工配制育苗用土。园艺植物对育苗营养土的要求是：营养成分完全，具有氮、磷、钾、钙等主要元素及必要的微量元素；理化性质良好，兼具蓄肥、保水、透气三种性能，微酸性或中性，pH 值以 6.5 ~ 7 为宜；无病菌虫卵，以防病虫为害。这样可以保证营养土质疏松，营养充足，幼苗根系发育良好；苗齐苗壮，移植时伤根少，定植后缓苗快。

营养土的配制及消毒是蔬菜育苗成败的重要环节。通过实践，可使学生了解园艺植物育苗营养土的组成成分，掌握蔬菜育苗营养土配制、消毒以及装钵方法。

二、任务与要求

每组配制 0.2m^2 营养土，并装填 50 ~ 100 个营养钵。

三、材料与用具

大田土约 0.1m^2，腐熟的有机肥 0.1m^2，疏松物（锯末、炉渣、草炭等）1 袋、化肥（尿素、过磷酸钙、硫酸钾等）1kg、杀菌剂（五氯硝基苯、代森锌、多菌灵或高锰酸钾）50g；塑料薄膜、营养钵；铁锨、平耙等。

四、内容与步骤

（一）准备营养土组分

1. 大田土　从小麦、玉米田取土，要求该地块土壤肥沃、无病虫害。大田土用量占营养土整体用量 60% ~ 70%。用手推车运到育苗设施附近，过筛后备用（图 23-1、图 23-2）。

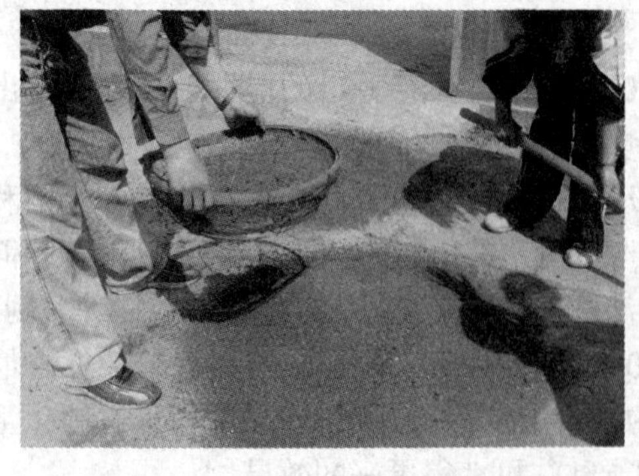

图23-1　少量大田土的过筛方法

图23-2　大量大田土的过筛方法

2. *有机肥* 营养土中有机肥所占份额为 30% ~ 40%，根据各地不同情况因材而用，可以是猪粪渣、垃圾、河泥、厩肥、草木灰等，以堆肥、厩肥为好，其中，马粪因透气性好，并具有保水增温的作用而成为首选。需要注意的是，马粪必须在育苗前 5 个月进行沤制，充分腐熟后才能使用，在沤制过程中必须多次进行翻动，忌用生粪。如用猪粪，应沤制腐熟，过筛后备用。如果有条件，每立方米营养土中再掺入 10kg 草炭，提高营养土养分含量，改善营养土理化性质，育苗效果会更好。

3. *化肥* 为提高营养土肥力，可按每立方米营养土加氮磷钾（15-15-15）复合肥 2kg，或每立方米营养土中加入尿素 0.25 ~ 0.5kg，过磷酸钙 0.5 ~ 0.7kg，硫酸钾 0.25kg 的量混入化肥。

4. *杀菌剂* 为防止土传病害，要对营养土进行消毒。用福尔马林（40% 甲醛）消毒，可消灭猝倒病和菌核病病菌，方法是将 200 ~ 300ml 福尔马林加水 20 ~ 30kg（可消毒床土 1 000kg）配制成药液，在倒堆的同时均匀喷洒在营养土上。土堆覆盖潮湿的草帘或塑料薄膜，闷 2 ~ 3d 后可充分杀死床土所带病菌，然后揭开覆盖物。经 15 ~ 20d，待福尔马林气体散尽后，即可使用。为使药气尽快散尽，可将土堆弄松。在药气没有散完前，会发生药害，不能装钵，更不可播种。

也可用五代合剂消毒，即用等量的五氯硝基苯和代森锌混合，1g 药混拌 2kg 营养土。还可按每立方米营养土中还应掺入 50%多菌灵可湿性粉剂或其他杀菌剂 80 ~ 100g（图 23-3）。也可每立方米用 0.1% 高锰酸钾液 7 ~ 10kg 喷洒后盖严薄膜，闷 3 ~ 4d。

（二）混合

确定了各种添加物的用量后，将各成分充分混合，然后倒堆两遍，确保混匀（图 23-4）。

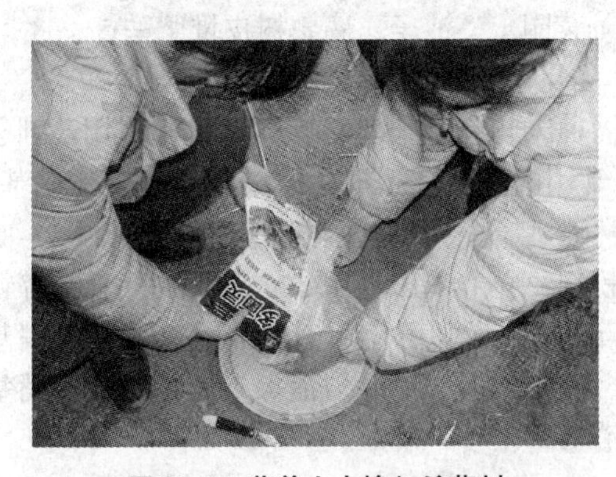

图23-3 营养土中掺入杀菌剂

图23-4 倒堆混匀

（三）装填营养钵

不论是新购买的营养钵还是曾经用过的营养钵，使用前都要进行一次清选，剔除钵沿开裂或残破者，否则，浇水后水分会从残破的钵沿流出，不易控制浇水量。向钵内装营养土，注意不要装满，营养土要距离钵沿 2 ~ 3cm，以便将来浇水时能存贮一定水分。装钵后，将营养钵整齐地摆放在苗床内，相互挨紧，钵与钵之间不要留空隙，以防营养钵下面的土壤失水，导致钵内土壤失水。在苗床中间每隔一段距离留出一小块空地，摆放两块砖，这样播种时可以落脚，方便操作。

五、问题与拓展

（一）营养土的基本指标

要求疏松、透气，保肥保水，营养成分完全，没有病原菌、虫害和杂草种子，微酸性或中性，并有一定的黏性。一般要求有机质含量15% ~ 20%，全氮含量0.5% ~ 1%，速效性氮含量大于60 ~ 100mg/kg，速效磷含量大于100 ~ 150mg/kg，速效钾含量大于100mg/kg，pH值6 ~ 6.5。

（二）关于园土

菜园土壤简称园土，因经常施肥耕作，肥力较高，团粒结构好，但园土可传染病害，如猝倒病、立枯病，茄科的早疫病、绵疫病，瓜类的枯萎病、炭疽病等。故选用园土时一般不要使用同科蔬菜地的土壤，以种过豆类、葱蒜类蔬菜的土壤为好，这类土壤中侵染黄瓜的镰刀菌、丝核菌都比较少。选用园土时，一定要铲除表土，掘取心土。园土最好在8月高温时掘取，经充分烤晒后，打碎、过筛，筛好的园土应贮藏于室内或用薄膜覆盖，保持干燥状态备用。无公害育苗要求不能用园土调制，而用大田土。

（三）几种营养土参考配方

生产上常用的营养土配制比例为：

1. 播种床　菜园土：有机肥：砻糠灰＝5：（1 ~ 2）：（4 ~ 3）；菜园土：河塘泥：有机肥：砻糠灰＝4：2：3：1；菜园土：煤渣：有机肥＝1：1：1。

2. 营养钵或移苗床　菜园土：有机肥：碧糠灰＝5：(2 ~ 3)：(3 ~ 2)；菜园土：垃圾：砻糠灰＝6：3：1(加进口复肥、过磷酸钙各0.5%)；菜园土：猪牛粪：砻糠灰＝4：5：1；菜园十：牛马粪：稻壳＝1：1：1(黄瓜、辣椒)；腐熟草炭：菜园土＝1：1(结球甘蓝)；腐熟有机堆肥：菜园土＝4：1(甘蓝、茄果类)；菜园土：沙子：腐熟树皮堆肥＝5：3：2。

（四）床土消毒

除营养钵育苗外，也可以进行苗床育苗，播种床和分苗床都要消毒。床土需用药剂、蒸汽和微波等方法进行消毒，以药剂消毒最常用；常用的药剂有福尔马林；多菌灵、五氯硝基苯、福美双、甲霜灵、代森锰锌等。用0.5%福尔马林喷洒床土，拌匀后堆置，用薄膜密封5 ~ 7d，揭去薄膜待药味挥发后即可使用；50%多菌灵粉剂每立方米床土用50g或70%代森锰锌粉剂40g，拌匀后用薄膜覆盖2 ~ 3d，揭去薄膜待药味挥发后即可使用；也可用70%五氯硝基苯粉剂和70%代森锰锌等量混合，每立方米床土用药60 ~ 80g混匀消毒；也可用五氯硝基苯与代森锌合剂或氯化苦及甲醛等药剂进行床土消毒。

六、作业与思考

1. 分析营养土配制质量对培育壮苗的影响。

2. 查阅资料，了解还有哪些材料可以用于配制营养土。

3. 进行研究性实验，比较育苗营养土和常规田园土所培育幼苗的生长差异及原因。

项目24 营养钵播种

一、目的与意义

蔬菜营养钵育苗是设施蔬菜栽培的主要育苗方式，播种是培育壮苗的关键环节。通过本项目，可以使学生掌握蔬菜营养钵育苗的播种技术，学会整齐的播种方法，为将来参与生产打下基础。

二、任务与要求

在教师的指导下，每个实践小组播种营养钵 100 个，要求出苗率高，出苗整齐度高，畸形苗少，基本无戴帽出土现象。

三、材料与用具

黄瓜种子、营养钵、营养土、相关农具等。

四、内容与步骤

1. 浇水 为保证育苗期间充足的水分供应，减少幼苗生长期间的浇水量，在播种前要浇足底水。播种前一天，从营养钵上面一个钵一个钵地浇水，浇水量要尽量均匀一致，这样可保证出苗整齐，幼苗生长也容易做到整齐一致。为提高效率，也可用喷壶喷水，但要尽量做到浇水均匀，水量掌握在有水从营养钵底孔流出为宜。水渗下后，先不要播种，第二天上午再喷 1 次小水，确保营养土充分吸水，然后才能播种（图 24–1）。

2. 播种 右手拿一根筷子，在营养钵表面中央插一个孔，左手拿一颗种子，胚根朝下，把胚根插入孔中，种子平放，然后用筷子轻轻拨一下营养土，让插孔弥合。农民称这一播种方法为“插芽”（图 24–2）。

图24–1 浇水

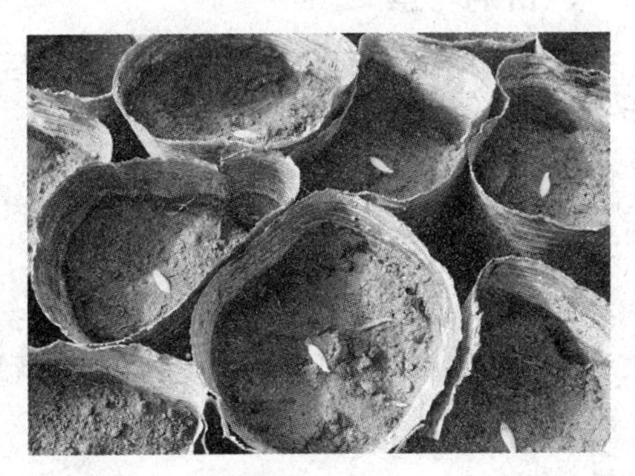

图24–2 播种

3. 覆土 随播种随覆土。用手抓一把潮湿的营养土，放到种子上，形成 2 ~ 3cm 高的圆土堆。覆土厚度要尽量一致。如果出苗速度不一致，幼苗高矮不整齐，往往是由于覆土厚度不均匀造成的（图 24–3）。

4. 盖膜 覆土后覆盖地膜，薄膜四周用土壤压住，以此增温保湿，促进出苗，当发现有幼苗出土后，立即揭开地膜，防止由于高温灼伤幼苗子叶（图 24–4）。

图24–3　覆土

图24–4　盖膜

五、问题与拓展

利用模拟承包的土地，结合生产实习、课程实习、专业技能训练，比较种子直立放置、侧向放置、水平放置等播种方式对种子出苗的影响，学习研究方法，联系播种技术，探索正确的播种方式。

六、作业与思考

1. 调查城郊菜农除黄瓜外，如番茄、辣椒、茄子、甜瓜等蔬菜的播种经验。
2. 分析为什么覆土时要求形成小土堆，而不是均匀平铺。

项目25　苗床播种

一、目的与意义

先苗床播种，之后再进行分苗移栽，最后定植的栽培方式，在秋冬茬、越冬茬茄果类蔬菜中十分常见，播种是培育壮苗的关键环节。通过本项目，可以使学生掌握苗床播种技术，学会撒播、条播等播种方法，为将来参与生产打下基础。

二、任务与要求

在教师的指导下，每个实践小组分别散播、条播一个至少 $2m^2$ 的苗床，要求播种均匀，浇水均匀，出苗率高，出苗整齐度高，基本无戴帽出土现象。

三、材料与用具

经过浸种催芽的番茄种子，以及筛子、钉耙、开沟器和铁锨等农具。

四、内容与步骤

1. 撒播　在整好的畦面上，先浇足底水，待水完全下渗后，用细筛筛上一层细土，填平床面凹处之后，均匀撒播种子，覆土。然后覆盖塑料薄膜进行保温保湿（冬春季）或遮阳降温（夏秋季）。此法适合于茄果类蔬菜育苗（图 25–1）。

2. 条播　在整好的畦面上,按一定的行距和深度开沟,然后沿沟浇足水,待水下渗后播种,然后平沟覆土，保温保湿或遮阳降温（图 25-2）。

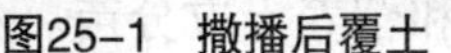

图25-1　撒播后覆土

图25-2　条播前浇水

五、问题与拓展

蔬菜苗床消毒是提高出苗成苗率、培育壮苗、降低病虫害基数的重要措施之一。农民常用的消毒方法主要有以下几种。

1. 高温消毒　在秋季塑料大棚育苗前，及时进行苗床消毒处理是保证育壮苗的关键。苗床整好后，铺上薄膜，利用阳光高温烤苗床 2 ~ 3d，使苗床温度达到 50℃以上，可杀死土壤中的害虫和病菌，尤以铺黑膜效果最佳。

2. 喷洒药水　播种前 12 ~ 15d，将床土耙平耙松，每平方米床土用福尔马林 50ml 加水 5kg 稀释均匀后，喷洒在苗床土上，用塑料薄膜或麻袋覆盖 4 ~ 6d，再揭开覆盖物，耙松处理过的床土，14d 左右药物挥发后方可播种。或在播种前，每 1 000kg 床土用 50%多菌灵可湿性粉剂 25 ~ 30g。处理时，把多菌灵配成水溶液喷洒在床土上，拌匀后用塑料薄膜严密覆盖，经 2 ~ 3d 即可杀死床土中的枯萎病等多种病原菌。

3. 泼浇药水　用 95%的敌克松可湿性粉剂 5g 加水 10kg，将部分床土泼浇湿润后，均匀撒在苗床上即可播种。也可用 95%的敌克松 200 ~ 400 倍液直接均匀泼洒苗床后播种。

4. 毒土消毒　将苗床土块打碎打细，均匀摊平，厚度不超过 20cm，每平方米用必速灭颗粒剂 60g 充分混合后再摊平，覆膜密封，以防透气，21d 后揭膜播种。或每平方米床土面积用 50%多菌灵粉剂 10g，拌细土 12 ~ 15kg，拌匀，做成药土。或按每平方米床土用甲基硫菌灵 10g，拌细土 12 ~ 15kg，拌匀后做成毒土。或用 40%的五氯硝基苯 8g，加 40 ~ 50kg 的干细土拌成药土。播种前先将苗床浇透水，待水渗入土壤后，取一小部分药土撒在床面上，将催好芽的蔬菜种子播下，再将剩余的药土撒盖在种子上面，使种子夹在药土中间。药土的总用量以将种子覆盖、见不到露籽为宜。

5. 熏蒸灭菌　每平方米苗床用熏蒸剂氯化苦 40g，注入土壤，用薄膜覆盖封闭，消毒 10d，可消灭真菌。去膜放风，散去有毒气体后播种。老苗床蚯蚓过多，可提前灌氨水或在沟中撒布具有熏蒸作用的敌敌畏 300 ~ 400 倍液，盖层薄膜密封，后翻地作苗床育苗，防治蚯蚓效果好。

6. 药土杀虫　在苗床填营养土之前,每平方米用2.5%敌百虫粉剂5 ~ 8g,加细土0.5 ~ 1kg

混匀撒入苗床可防止地下害虫为害。

六、作业与思考

1. 调查城郊菜农越夏番茄的播种育苗方法，积累播种经验。
2. 分析撒播苗床出苗不整齐的原因。

项目26　分　苗

一、目的与意义

蔬菜育种中，为节省能源、经济利用土地，降低生产成本，另外，某些蔬菜为了通过分苗刺激发根，可先在较小面积上大密度地播种，待幼苗长到一定大小后，再行移植扩大营养面积。根据分苗方式不同有苗床分苗、营养钵分苗和营养土方分苗。本项目主要练习苗床分苗，通过本项目，可以使学生掌握苗床分苗技术的关键环节，为将来参与生产打下基础。

二、任务与要求

本项目以番茄分苗为例进行。在教师的指导下，每个实践小组完成分苗 50 个营养钵及 $4m^2$ 分苗操作，要求分苗后幼苗移栽深度适中，根系舒展，株距均匀，浇水充足，成活率高，缓苗迅速。

三、材料与用具

平底育苗盘培育的番茄子叶期幼苗，以及钉耙、开沟器和铁锹等农具。

四、内容与步骤

（一）从平底苗盘到营养钵的分苗技术

此法多在低温季节使用，优点是可减少占用土地时间，节约土地面积，易于管理；缺点是增加了分苗的工序。

1. 播种　使用平底塑料育苗盘作为初期育苗容器，内铺营养土，营养土配制方法参见前述。浇水、播种，然后覆盖营养土或细沙，覆盖地膜增温保湿（图 26–1）。出苗后在地膜上打孔通风，但不要完全揭去地膜，以后逐渐加大通风面积（图 26–2）。当幼苗两片子叶完全展开，并出现真叶时开始分苗（图 26–3）。

2. 起苗　分苗时先向苗盘浇水，然后将幼苗连根拔起（图 26–4）。

3. 移栽　向已经摆放好的营养钵中浇水，水要浇透，最好连浇两次，而后再用手指或小木棍在营养土上插出小坑（图 26–5）。把子叶苗摁入小坑中，用手轻捏营养土，使营养土与幼苗基部弥合（图 26–6）。最后再喷一遍水，让幼苗根系与土壤紧密结合。

图26-1　苗盘上覆盖地膜

图26-2　出苗后通风

图26-3　达到分苗标准的子叶苗

图26-4　拔苗

图26-5　插出小坑

图26-6　栽苗

（二）从平底育苗盘到铺土苗床的分苗技术

此法多在培育秋冬茬番茄用苗时采用。

1. 播种　将种子播于平底塑料育苗盘中，种子处理方法如前所述。向苗盘营养土浇水，水渗下后密集播种，然后将苗盘表面覆盖稻草或遮阳网，遮光保湿，出苗后去除覆盖物，育苗期间避免烈日暴晒。干旱时及时喷水。当幼苗长出两片真叶，且真叶的大小与子叶大小相当时，即可分苗。小苗分苗更易生根，分苗过晚，苗盘营养供应不足，幼苗会变黄。

2. 制作分苗床　根据苗量确定分苗床面积，整平地面，铺营养土，这种分苗床称作“铺土苗床”。苗床所用营养土用少量大田土和有机肥配制，营养土的过筛、混配方法参见营养钵育苗部分，但不同的是，由于苗期短，营养土中不要掺化肥。也可以不配制营养土，直接在苗床位置撒肥，提高肥力。方法是，平整地块，撒适量腐熟有机肥（图 26–7），然后翻耕土地，将肥土混匀，耙平。

3. 移栽　按 15cm 间距开沟，浇透水（图 26–8）。将番茄小苗移栽到沟的两侧（图 26–9），用手指轻轻按压，让小苗的根系紧贴土壤或将其摁入泥中。然后在沟内撒潮湿细土，将幼苗根系覆盖（图 26–10）。当幼苗达到适宜定植的大小时，用铁锹将幼苗带土坨挖出，放入盆、箱等容器中，运至栽培场地（图 26–11、图 26–12）。

图26–7　撒肥

图26–8　开沟浇水

图26–9　栽苗

图26–10　覆土

图26–11　分苗后5d幼苗生长状态

图26–12　达到定植标准的幼苗

五、问题与拓展

1. 不同蔬菜的分苗时期　当幼苗长到便于分苗操作时尽早进行分苗，一般不同蔬菜分苗时期如下：番茄 1 ~ 2 片真叶，播后 25 ~ 30d；茄子 2 ~ 3 片真叶；甜椒 2 ~ 3 片真叶；黄瓜、西葫芦、西瓜等 2 片子叶展开出现心叶；甘蓝、莴苣 2 ~ 3 片真叶。

2. 营养钵分苗　目前生产中，除苗床分苗外，还有营养钵分苗。当幼苗两片子叶完全展开，并出现真叶时开始分苗。分苗时先向苗盘浇水，然后将幼苗连根拔起。向已经摆放好的营养钵中浇水，水要浇透，最好连浇两次，而后用手指或小木棍在营养土上插出小坑。把子叶苗摁入小坑中，用手轻捏营养土，使营养土与幼苗基部弥合。最后再浇一遍水，让幼苗根系与土壤紧密结合。

六、作业与思考

1. 分析为什么番茄可以采用分苗方式育苗，而黄瓜不提倡采用分苗方式育苗。

2. 分析为什么番茄分苗的成活率会相对高于黄瓜等瓜类蔬菜。

项目27　倒苗和囤苗

一、目的与意义

由于育苗床内温湿度条件不一致，造成秧苗生长有快有慢，出现大小苗。如在冬季温室中育苗，往往北边苗大、南边苗小；在阳畦中育苗，中北部苗大，南边和两端的苗小。在幼苗出现明显大小不齐时，通过倒苗，调换大小苗的位置，来控制大苗促进小苗达到幼苗生长一致的目的。

春季茄果类和黄瓜的育苗，一般在定植以前浇透水，隔一天后按苗距切起土块，把带土块的秧苗仍紧排在苗床中，土块间的空隙用细土盖没，摆几天待生新根后定植，这种方法北方叫囤苗。囤苗除可控制株苗生长，防止秧苗徒长以外，还有保护根系的作用，此外，囤苗后秧苗植株中糖的含量增加，细脆组织充实，根系发达，因而能加速缓苗，并促进幼苗生长。

通过本项目，可以使学生掌握倒苗和囤苗技术，为将来参与生产打下基础。

二、任务与要求

在教师的指导下，每个实践小组完成对指定幼苗的倒苗和囤苗。

三、材料与用具

小铲、苗筐、苗盘、铁锨、平耙等相关农具。

四、内容与步骤

（一）倒苗

1. 幼苗分类　进行倒苗前，首先将全苗床的苗仔细观察一遍，将苗大致分大中小 3 种类型，哪一类苗大约有多少，倒到苗床什么位置，做到心中有数后再动手。

2. 苗床分区　先起出一部分苗，腾出地方，将床底用铲整平，按计划把大苗放在苗床温度最低处，把小苗放在温度最高处，把中等苗放在高低温过渡区。

3. 倒苗操作　随倒苗随手用细潮土将坨、袋之间的空隙填好，加强保湿。对小苗可借倒苗之际适当补水和叶面追肥。倒苗最适宜用于各种营养钵和营养土方育苗，倒苗时不散坨，伤根少。

（二）囤苗

1. 苗床浇水　床土干湿要适宜，便于切出土坨，床土过干要提前 1 ~ 2d 浇水。

2. 土坨囤苗　把出苗铲磨光，铲刃要锐利，按幼苗营养面积大小切土坨，前后左右各切一铲，要切透，最后将铲放平，从土坨底部铲入托起幼苗，然后将苗周整地摆在苗床上，土坨之间用潮土填满，苗子外围用潮土培好，注意保温。

3. 营养钵囤苗　对于各种营养钵育苗的在定植前 3 ~ 4d，倒一倒营养钵，断其下部根系，控制生长。

五、问题与拓展

倒苗、囤苗通常与低温锻炼结合进行。春季茄果类、瓜类育苗后期，要加强通风，逐步除去覆盖物，降低苗床温度，尽量使幼苗多照阳光，并控制浇水，这样“锻炼”后，不仅可防止徒长，且由于植株中的干物质（特别是糖）的含量和细胞质的浓度增加，叶片的角质层加厚，因此又可增强幼苗的耐寒、耐旱力，即使适当提早定植，也能适应环境。

在进行秧苗“锻炼”和囤苗时还要注意以下几点：第一，要逐步加强“锻炼”；第二，根据秧苗生长情况和蔬菜种类等掌握“锻炼”程度，生长势旺的幼苗，尤其是番茄苗，可加强“锻炼”；第三，囤苗期间要保持一定的土壤湿度，防止强光照射，造成萎蔫；第四，“锻炼”或囤苗以达到叶色深，叶片厚，且须根迅速发生为宜；第五，囤苗时间，茄果类一般为 5 ~ 7d，黄瓜为 2 ~ 3d，但经“排稀”的早熟秧苗，可经 20d 左右定植，早熟秧苗在“排稀”囤苗期间还可适当促进生长。此外，不论是囤苗或“锻炼”期间，都要根据天气变化，灵活管理，注意保温，严防冻害或雨淋。

六、作业与思考

1. 倒苗和囤苗的作用是什么？

2. 都有哪些培育蔬菜壮苗的措施？

项目28 直 播

一、目的与意义

蔬菜直播技术是部分设施蔬菜和部分露地蔬菜的栽培起点，播种技术的优劣直接影响是否能达到优质、高产的栽培目标。通过本项目，旨在使学生掌握蔬菜直接播种技术的关键环节，为将来从事蔬菜生产提供技术储备。

二、任务与要求

在教师指导下，按教师要求，撒播、条播、穴播各 1 畦，要求株行距均匀，栽培行无弯曲现象，浇水均匀，播种深度一致。

三、材料与用具

1. 材料 各种蔬菜种子，如茴香、菠菜、小油菜、小葱、芫荽、番茄、茄子、甜椒、甘蓝、莴苣、菜豆、黄瓜等，可根据农时和具体情况选择准备。

2. 用具 钉耙、铁锨、开沟器、打孔器等农具。

四、内容与步骤

（一）撒播

主要用于播种营养面积小、生长期短的绿叶蔬菜，如茴香、菠菜、小油菜、小葱、芫荽等，由于播种季节不同又分湿播和干播。

1. 湿播 主要用于早春低温季节蔬菜播种，具体操作如下。

（1）准备盖种土 在蔬菜播种前，按需要先从畦面起出 3 ~ 4cm 一层土，堆放在临近的栽培畦中，最好过筛，作为覆盖用土，堆放一旁备用。

（2）整平畦面 将畦面用铁耙耧平，用脚先轻轻踩一遍，浇足底水（图 28–1）。

（3）播种 水渗后，将每畦的种子分两侧撒两边，对于小粒种子因体积小不易撒匀的，可在种子中加适量细沙或细炉灰后再播种。如果浇水过多，也可在水渗后在苗床上撒一薄层细土，并将低洼处用细土填平后再行播种。

（4）覆土 用铁锨将起出的土均匀地还回原畦，按要求厚度撒匀盖严种子（图 28–2）。

图28–1 耙平畦面

图28–2 播种后覆土盖种

2. 干播　在气温、地温较高的季节，或时常降雨时，往往采用干播。如晚春播种韭菜、秋菠菜、秋茴香、胡萝卜等，多采用干播方式。将畦面耙平，将种子分两份撒两边，均匀地播于畦面，然后用器齿轻轻地划畦土，使种子进入土中，用脚踩一遍，即可浇水或等待降雨。

（二）条播（沟播）

多用于直播大株型的蔬菜，像大白菜、萝卜、根用芥菜等；有时为便于中耕、除草或间作套作，也可将习惯撒播的蔬菜改为条播，如韭菜、茴香、小油菜、小萝卜等。条播分干籽播种和湿籽播种两种。

干籽播种多用于雨季，趁雨后土壤墒情好，能满足发芽期对水分的需要时播种。在整好的高垄上或平畦中按预定行距，根据种子大小、土质、天气等开 1 ~ 3cm 深的沟，将种子均均地播于沟内，用大锄推土平沟盖种，让土壤和种子紧紧贴合在一起。像秋大白菜、萝卜和根用芥菜都是如此播种（图 28–3）。

湿籽播种是指用经过浸种和催芽的种子播种，须将其播于湿润的土壤中，墒情不够时，应先浇水造墒再播种。播种方法同干籽。

（三）穴播（点播）

多用于大粒种子的蔬菜播种，如瓜类、豆类和萝卜等。

播种时按株行距挖穴，注意播种穴的大小、深浅要一致，当每穴用种 2 粒以上时，要将种子分开放置，不要将几粒种子堆放在一起。置种的同时要注意选用籽粒饱满良种，淘汰劣种，以保出苗质量。盖土时要将土拍细碎，盖土后稍加镇压，以便种子吸水出土。对于瓜类催芽后播种的，种子要平放，种芽弯曲时，种芽向下而后覆土。切勿使种子立置胚芽向下放置，这样容易造成“戴帽”出土（图 28–4）。

图28–3　条播

图28–4　穴播

五、问题与拓展

1. 确定蔬菜的播种量　为了保证有足够的秧苗提供大田蔬菜生产的需要，必须明确蔬菜的播种量。育苗时种子播种量的常见计算方法主要考虑以下因素：每 666.7m^2 秧苗数、种子千粒重、种子发芽率以及 20% 的安全系数（即增加 20% 的秧苗）。计算方法为：

种子用量（g/666.7m^2）=（每 666.7m^2 秧苗数 + 安全系数）× 种子千粒重 ÷ 种子发芽率

例如，番茄每 666.7m^2 地栽种 3 000 株，种子千粒重 3.25g，发芽率为 85%。则：

种子用量（g/666.7m^2）=（3 000+3 000 × 20%）× 3.25 ÷ 85%=14（g/666.7m^2）。

2. *设施蔬菜单行精量播种机* 设施中直播的蔬菜基本上采用人工播种的方式，不仅劳动强度大，而且受人为因素的影响较大，种子用量多，容易造成漏播和浪费。使用设施蔬菜单行精量播种机能使播种深度、行距一致，有助于种子出苗；采用控制装置，可控制出种量，达到精量播种的目的，降低生产成本；推车式设计，降低劳动强度，提高工作效率。该机具只需更换种盘，就能播种各种蔬菜种子，如香菜、芹菜、莴苣、萝卜、卷心菜、菠菜、芦笋、韭菜、甘蓝等。天津市农业机械实验鉴定站推广的播种机，质量24kg，盛种量6 ~ 8kg，播种深度0 ~ 25cm，特点是播种深度、距离一致，种盘更换方便迅速，播种深度可调，“V”字形组合式铸铁镇压轮设计，利于种子生长，扶手高度可调。适宜家庭使用。

六、作业与思考

1. 确定蔬菜所应采用的播种方式的依据是什么？
2. 查阅资料，了解播种机械在蔬菜栽培中的应用情况。

项目29 间苗与定苗

一、目的与意义

直播蔬菜，如大白菜、萝卜、胡萝卜等，为保全苗，播种量往往多于留苗量，造成幼苗拥挤，为保证幼苗有足够的生长空间和营养面积，使苗间空气流通、日照充足，要在幼苗出土后及时地去掉多余幼苗和劣质幼苗，这一操作称作间苗，又称疏苗。为充分筛选优质苗，确保全苗，生产中常分几次间苗。

当去除多余部分幼苗后田中保留的苗数达到要求苗数，以后不再去除多余幼苗，田中幼苗数量基本稳定，因此，最后一次间苗也称之为定苗。定苗是根据计划株距或营养面积选留优质苗，其多余苗全部去掉了。选留的幼苗就是为长期培养植株，最后形成产品。所以定苗是一项重要的工作，必须了解品种形态特征，认真操作。

通过本项目，旨在使学生了解直播蔬菜间苗、定苗的重要性，熟悉不同蔬菜间苗、定苗标准，掌握间苗、定苗操作技术。

二、任务与要求

分组操作，了解间苗、定苗标准，按教师要求，完成规定区域间苗、定苗任务，可根据农时灵活安排时间。

三、材料与用具

需要间苗、定苗的蔬菜苗床或苗田。小铲、苗筐等相关农具。

四、内容与步骤

（一）间苗

1. *第一次间苗* 初次间苗原则上要求尽早进行，避免播种不匀，局部幼苗密拥挤徒长。一般在子叶展开出现心叶时进行。先去掉杂苗和杂草，然后将密挤处的幼苗疏开，使其分布均匀无双棵。

2. *第二次间苗* 一般在幼苗生长1 ~ 2片真叶时进行。间苗时同样先去掉不健全的幼苗、杂苗和杂草，再按要求的苗间距去掉多余苗。

（二）定苗

最好在晴天中午前后进行，此时温度高，水分蒸发快，异常苗，尤其根部有问题的幼苗出现凋萎易被发现。实际定苗时要复杂得多，有时在几棵苗前不知去谁留谁，农民在实际生产中总结出一句农谚——“稀留密，密留稀，不稀不密留大的”，很有参考价值。

五、问题与拓展

利用综合参观，调查城郊农民叶菜类蔬菜间苗、定苗的经验。

六、作业与思考

1. 需要多次间苗的蔬菜，如何确定每次间苗的间隔时间？

2. 如何理解“稀留密，密留稀，不稀不密留大的”这句话？

项目30 黄瓜嫁接育苗

一、目的与意义

嫁接是把一种植物的枝或芽接到另一种植物体上，使它们结合在一起进行生长的方法。利用嫁接技术培育蔬菜幼苗的生产方式称作嫁接育苗，目前嫁接育苗技术主要用于瓜类蔬菜的生产，尤以黄瓜、西瓜为主。通过嫁接，可以预防枯萎病的发生。枯萎病是一种土传病害，是瓜类栽培的一大为害，一般药剂难以防治，该病害在南瓜上基本不发生，所以用南瓜作为砧木，进行苗期嫁接培育嫁接苗，不仅可以控制枯萎病的发生，还能增强根的吸收能力，提高耐寒性，提早定植，提高产量和产值。

通过实践，旨在使学生熟练掌握黄瓜不同嫁接方法及嫁接苗的管理技术。

二、任务与要求

熟练掌握黄瓜的嫁接方法，了解黄瓜嫁接苗的管理技术。每人嫁接 10 株以上幼苗，要求成活率 70% 以上。

三、材料与用具

1. *黄瓜苗*　第一片真叶展开的苗，子叶由黄变绿的苗，子叶平展的苗。

2. *南瓜苗*　第一片真叶展开的幼苗。靠接法砧木应比接穗晚插 3 ~ 5d，即砧木比接穗晚浸种催芽1 ~ 2d。顶插接法要求砧木比接穗早播种 3 ~ 5d，即砧木比接穗早浸种催芽 6 ~ 7d。

3. *用具*　刀片、竹签、嫁接夹。

四、内容与步骤

1. *培育嫁接用苗*　顶插接法黄瓜比砧木晚播种 3 ~ 5d，靠接法黄瓜比砧木早播种 3 ~ 5d。插接法黄瓜子叶展平，砧木幼苗第一片真叶长至 5 分硬币大小时为嫁接适期；靠接法黄瓜第一片真叶开始展开，砧木子叶完全展开为嫁接适期。

2. *顶插接法嫁接*　先将南瓜的生长点及真叶去掉。用与接穗茎粗细相同的竹签，从右侧子叶的主脉基部开始，向另一侧子叶下方斜插 0.5cm 左右，竹签不能穿破砧木表皮。之后

选适当的黄瓜幼苗，在子叶节下 0.5cm 处向下斜切一刀，切口长 0.5cm 左右，翻转过来，在另一方再用同样的方法切一刀，接穗胚轴呈楔形，刀口要平滑（图 30-1）。拔出竹签，插入接穗，使接穗子叶与砧木子叶垂直，呈“十”字形，插入的深度以接穗切口与砧木插孔相平为宜（图 30-2）。

图30-1 削好的接穗

图30-2 将接穗插入砧木

3. 靠接法嫁接 先去掉南瓜的生长点和真叶，再用刀片在子叶节下方 0.5 ~ 1cm 处与子叶着生方向垂直的一面上，呈为 35° ~ 40° 向下斜切一刀，深度为茎粗的 2/3，切口长约 1cm。然后选择适当的黄瓜幼苗，在其子叶节下 1.2 ~ 1.5cm 处和子叶垂直的一面向上斜切一刀，角度 30°左右，深度为茎粗的 1/2 ~ 2/3，切口长约 1cm。把两株幼苗的切口准确、迅速嵌合（图 30-3）。使黄瓜子叶平行地压在黑籽南瓜的子叶上，用嫁接夹固定（图 30-4）。再将黄瓜幼苗根部覆上细土，放到嫁接苗床内。

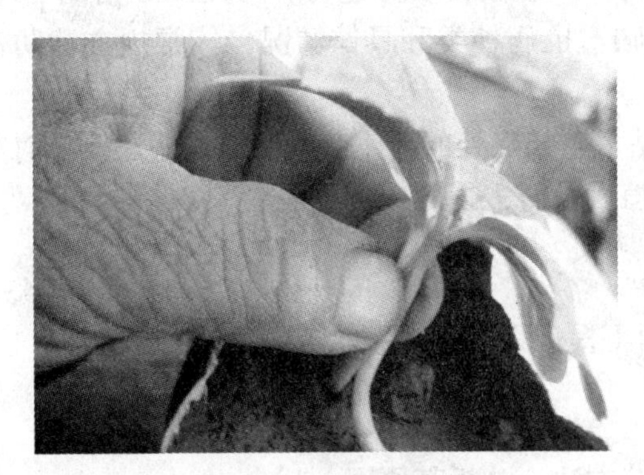

图30-3 接口嵌合

图30-4 嫁接夹固定

4. 管理嫁接苗 嫁接成活率除与嫁接者技术熟练程度有关外，最主要因素就是接后的管理水平。

（1）设施 为给嫁接苗创造良好的环境条件，冬春季苗床应设置在日光温室、塑料薄膜拱棚等保护设施内，苗床上还应架设塑料小拱棚，并备有苇席、草帘、遮阳网等覆盖遮光物；若地温低，苗床还应辅设地热线以提高地温。秋延后栽培的蔬菜，苗期多处于炎热的夏季，幼苗嫁接后，应立即移入具有遮阳、防雨、降温设施的苗床内，精心管理。

（2）温度 嫁接后适宜的温度有利于愈伤组织的形成和接口快速愈合。实验表明，瓜类蔬菜嫁接苗愈合的适宜温度为白天25 ~ 28℃，夜间18 ~ 22℃；温度过高过低，均不利于接口愈合，并影响成活率。早春低温期嫁接，应采取增温保温10d，幼苗成活后，恢复的常规育苗温度。若采用靠接法，幼苗成活后，需对接穗断根，断根后，温度适当提高，促进伤口愈合，2 ~ 3d后再恢复到常规管理。

（3）湿度　砧木、接穗维管束连通前，接穗水分来源被切断，仅靠与砧木切面间水分渗透，获得的水分极少。若空气湿度低，接穗因蒸腾强烈，容易萎蔫。因此，嫁接成活之前，保持较高的空气湿度，这是嫁接成败的关键。一般嫁接后7d内，空气相对湿度应保持在95%以上。采取的措施是嫁接后立即向苗钵内浇水，并移入充分浇水的小拱棚内，冬天应浇温水，夏天应浇凉水。还可向棚内喷雾，然后盖严棚膜密闭，使棚内空气湿度接近饱和状态。密闭时间为3 ~ 4d，密闭时间还与嫁接方法有关，接穗带根的靠接法密闭时间可短些，而顶插接法的密闭时间可长些。以后逐日增加通风量并延长通风时间，但仍应保持较高的空气湿度，每日中午喷雾1 ~ 2次，直至完全成活，恢复常规育苗湿度管理。

（4）光照　嫁接后为避免阳光直晒幼苗，引起接穗萎蔫，应适当遮光。遮光的方法是在塑料小拱棚的外面覆盖草帘、纸被、报纸、遮阳网等覆盖物。一般嫁接后3d内全天遮光，以后早晚在小棚两侧透散射弱光，并逐渐增加透光时间，8 ~ 10d成活后，恢复正常光照管理。若采用靠接法，成活后对接穗断根，断根后应适当遮光2 ~ 3d。以后应逐渐增加透光量和透光时间，嫁接苗成活后及时给予正常的光照条件。嫁接后遇阴雨天气不遮光。

（5）防病　嫁接苗处于高温、高湿、弱光环境中，加上嫁接切口的存在，为病原微生物的侵染提供了有利条件。在嫁接前2d对接穗、砧木喷药，嫁接过程中对用具、手指消毒的基础上，嫁接后愈合期内也应喷药1 ~ 2次，一般结合喷雾进行，可用800倍的50%百菌清可湿性粉剂。嫁接苗成活后，还应根据砧木抗病种类和具体情况，按常规方法防治苗期病虫害。

（6）其他　嫁接苗成活后，要及时去掉砧木生长点处的再生萌蘖。靠接法还要及时剪断接穗的根，一般在嫁接后10 ~ 15d进行。定植后及时去掉嫁接夹。

五、问题与拓展

为什么初学者宜采用靠接法进行嫁接，而不提倡采用顶插接法或劈接法。

六、作业与思考

1．调查当地黄瓜产区农民习惯采用的嫁接方法，分析其原因。

2．根据个人嫁接操作体会以及嫁接成活情况，总结不同嫁接方法的优缺点。

项目31　番茄嫁接育苗

一、目的与意义

通过嫁接，预防番茄枯萎病、青枯病等病害，并增强根的吸收能力，提高耐寒性，提早定植，提高产量和产值。通过实践，旨在使学生熟练掌握番茄不同嫁接方法及嫁接苗的管理技术。

二、任务与要求

熟练掌握番茄的嫁接方法，了解番茄嫁接苗的管理技术。每人嫁接10株以上幼苗，要求成活率70%以上。

三、材料与用具

1. 番茄苗　拥有4片展开真叶的番茄幼苗，用于劈接法嫁接。已展开4 ~ 5片真叶的番茄幼苗，用于靠接法嫁接。

2. 砧木苗　有4个或5个展开真叶的砧木苗，用于劈接法和靠接法嫁接。

3. 用具　刀片、竹签、嫁接夹。

四、内容与步骤

（一）劈接法

劈接的接口面积大，嫁接部位不易脱离或折断，而且接穗能被砧木接口完全夹住，不会发生不定根。但因接穗无根，嫁接后需要进行细致管理。

1. 培养幼苗　嫁接适期的砧木应有4个或5个展开真叶（图31–1）。接穗比砧木略小，应有4片展开真叶。因为砧木苗一般生长较慢、茎细，所以要提前5 ~ 7d播种。一般的砧木发芽都不整齐，苗期必须多做调整工作。

2. 嫁接操作　从砧木的第三和第四片真叶中间把茎横向切断（图31–2）。然后从砧木

图31–1　达到嫁接标准的砧木苗

图31–2　砧木下面留两片真叶将茎切断

茎横断面的中央，纵向向下割成1.5cm左右的接口（图31–3）。再把刚从苗床中挖出的接穗苗，在第二片真叶和第三片真叶中间稍靠近第二片真叶处下刀，将基部两面削成1.5cm长的楔形接口（图31–4）。最后把接穗的楔形切口对准形成层插进砧木的纵接口中（图

31–5），用嫁接夹固定（图 31–6）。过 7 ～ 10d 把夹子除掉。

图31–3　劈开砧木的茎

图31–4　接穗的楔形接口

图31–5　将接穗插入砧木

图31–6　用嫁接夹固定

3. *接后管理*　嫁接后精细管理。接口愈合的适宜温度为白天 25℃，夜间 20℃，在早春嫁接，最好将移栽有嫁接苗的营养钵放置于电热温床上。在接口愈合前，接穗的水分供应主要靠砧木与接穗间的细胞渗透，但渗透的水量很有限，因此，如果空气湿度低，就容易引起接穗凋萎。嫁接后的 5 ～ 7d 内，空气湿度要保持在 95%以上，增湿的方法是，摆放嫁接苗前，在苗床上浇水，嫁接后覆盖小拱棚，密闭保湿，嫁接后 4 ～ 5d 内不通风，第五天以后选择温暖且潮湿的傍晚或早晨通风，每天通风 1 ～ 2 次，7 ～ 8d 后逐渐揭开小拱棚薄膜，增加通风量，延长通风时间。嫁接后要遮光，可在小拱棚外覆盖草帘或稻草或报纸等，嫁接后的前 3d 要全部遮光，以后半遮光，两侧见光，随嫁接苗生长，逐渐撤掉覆盖物，成活后转入正常管理。

（二）靠接法

1. *培养幼苗*　无论是砧木还是接穗，都可以在苗盘中密集播种，培育小苗，出现两片真叶时将幼苗分到铺有营养土的苗床上，砧木苗、接穗苗都已展开 4 ～ 5 片真叶时为嫁接适期。苗龄偏大，但只要二者的生长状态基本相同也可以嫁接，靠接可持续进行很长时间。

2. *嫁接操作*　仔细地把砧木苗、接穗苗全根挖出。因为带根，嫁接时不用担心萎蔫，但嫁接场所的空气湿度要比较高，以利接口愈合。先把接穗苗放在不持刀的一只手的手掌上，苗梢朝向指尖，斜着捏住，在子叶与第一片真叶（或第一片真叶与第二片真叶）之间，用刀片按 35° ~ 45° 向上把茎削成斜切口，深度为茎粗的 1/2 ~ 2/3，注意下刀部位在第一片真叶的侧面。番茄发根能力强，接穗苗茎的割断部位容易生根，长大入地，使嫁接失去作用，所以，砧木苗和接穗苗的茎都应长些，以便在较高的部位嫁接（图 31-7、图 31-8）。把砧木上梢去掉，留下 3 片真叶，在嫁接成活以前要保留这 3 片真叶，这样便于与接穗苗相区别，否则容易弄错，造成嫁接失败（图 31-9）。

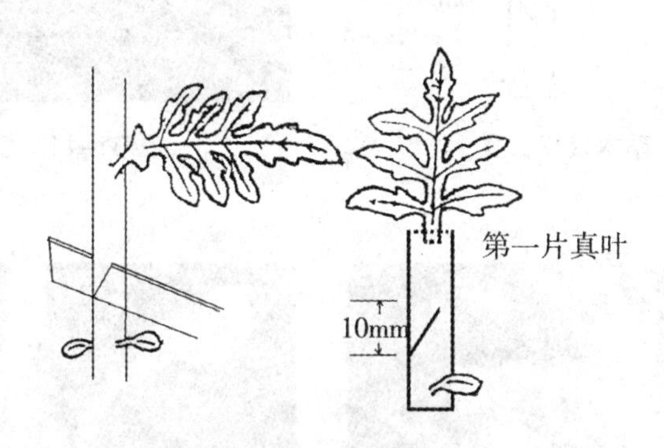

图31-7 接穗切口位置

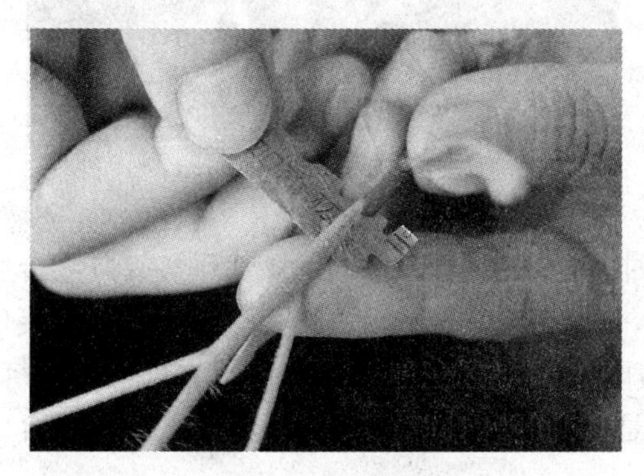

图31-8 切削接穗

图31-9 去掉砧木上梢

把砧木上部朝里，根朝向指尖，放在手掌上，用刀在第一片真叶（或第二片真叶的下部），第一片真叶的侧面（图 31-10），按 35° ~ 45°，斜着向下切到茎粗的 1/2 或更深处，呈舌楔形（图 31-11）。该接口高度必须与接穗接口高度一致，以便于移栽。

将接穗切口插入砧木切口内，使两个接口嵌合在一起（图 31-12），再用嫁接夹固定（图 31-13）。

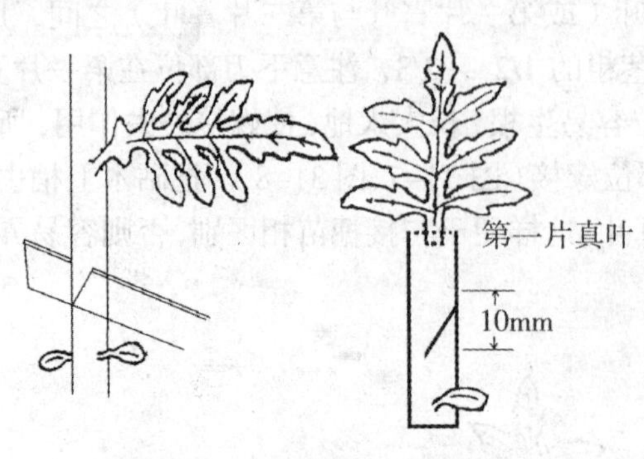

图31-10 砧木接口位置

图31-11 切削砧木接口

图31-12 砧木与接穗的切口嵌合

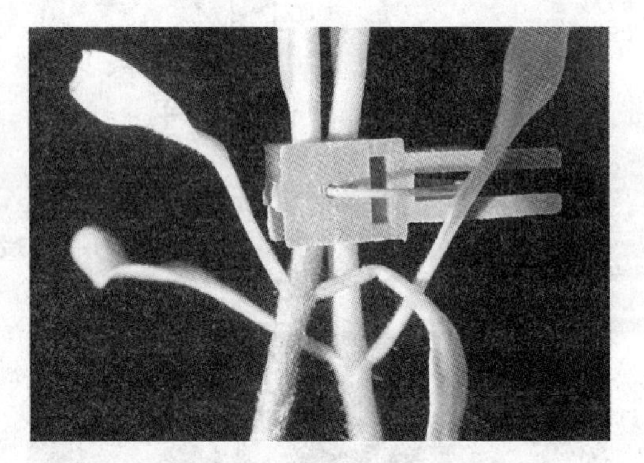

图31-13 用嫁接夹固定

3. *接后管理* 嫁接完成立即移栽，移栽时要把砧木和接穗的茎分离开。接口愈合后要摘除砧木萌芽，因为嫁接时切去了砧木生长点，会促进砧木下部的侧芽萌发，特别是接口愈合时经过高温高湿遮光的环境条件，侧芽更易萌发。为预防倒伏，必要应立杆或支架绑缚。当伤口愈合牢固后要去掉嫁接夹，去夹时机要适宜。去夹时间过早，不利于接口的愈合，去夹过晚，则影响嫁接苗幼茎的生长增粗。

用营养钵移栽时，砧木要栽在钵的中央，接穗靠钵体一侧。移栽后及时浇足水，使土壤下沉，根与土密切接触。浇水后密闭苗床。高温季节育苗，苗床上面要遮光，使床内无风、高湿，严防强光和高温造成幼苗萎蔫。移栽后的 2 ~ 3d 内一定要遮光保湿。低温季节育苗，在移栽后要用小拱棚把苗床密闭起来，也需要遮光，4 ~ 5d 内都要如此。白天温度 25 ~ 30℃，夜间 20℃左右。以后，依据苗的萎蔫程度，让苗逐步习惯直射光的照射，予以锻炼。

嫁接后 10d 左右，接穗开始生长，选晴天的下午，在嫁接部位下边的接穗一侧把茎试着割断几株，即“断根”。割断后只要苗萎蔫不严重，第二天以后便可把全部苗的接穗下部的茎割断。如果萎蔫的苗过多，可实行 1d 左右的遮光，予以缓和。靠接苗的砧木和接穗的接口都小，嫁接部位容易脱离或折断，所以在定植前可不除掉夹子。为避免夹子箍紧茎部，最好能换地方改夹 1 ~ 2 次。也可以用短支柱把苗架好，再除掉夹子。

五、问题与拓展

为什么初学者宜采用靠接法进行嫁接，而不提倡采用顶插接法或劈接法？

六、作业与思考

1. 调查当地番茄产区农民习惯采用的嫁接方法，分析其原因。
2. 根据个人嫁接操作体会以及嫁接成活情况，总结不同嫁接方法的优缺点。

项目32 整地与做畦

一、目的与意义

土地平整是种植物生长一致的先决条件，对高低不平的地块，种植蔬菜前必须整平。由于表层土壤在机械、物理、化学、生物学等因素作用下，土壤结构容易被破坏，并变得板结、透气不良，所以在每茬蔬菜定植前或收获后要进行土地耕翻。通过整地，为蔬菜创造适宜的土壤环境，为实现高产优质的栽培目标奠定基础。做畦的目的是有效控制浇水，利于排水，便于田间农事操作和进一步改善土壤环境。

本项目旨在通过实际操作，让学生了解不同畦型及其优缺点，掌握整地、做畦的基本技能。

二、任务与要求

每个实验组平整指导教师所指定的一块土地，检验合格后，按要求的规格，做低畦、高畦、高垄、双高垄各一个。

三、材料与用具

运输车辆、地膜、铁锨、开沟器、平耙等。

四、内容与步骤

（一）整地

整地主要是指平整土地，包括翻地和耙地等操作过程。

1. 平整土地　在平整土地前，操作者要立于距待平整地块 5 ~ 10m 处，面对地块或栽培畦中部，用眼左右扫视，确定何处高，何处低。

根据地块面积大小和土地不平程度选用适宜整地工具。地块面积大，土地又严重不平，调运土的距离远，数量多，需要用车辆运土或用筐抬土。对于多年菜地，每年种植前均要进行小平地，此时用铁锨平整即可。在本地块内取土平地时，为避免造成地力不均，要“花插”取土，勿要在局部大量取同一层次的土壤。

2. 翻耕土地　耕翻深度因土壤质地不同和种植作物不同而异，一般秋耕深 23 ~ 25cm，春耕深 18 ~ 20cm。耕翻土地有机械耕翻、特征畜耕翻和人力耕翻。一般菜园面积较小时，往往需要人力翻地。方法是：铁锨与地面大致成 60°，铁锨柄向左倾斜，右脚掌蹬铁锨肩部，使铁锨直立地全部插入土壤中。而后将铁锨端起 10 ~ 15cm，把铁锨翻转 180° 将土按顺序扣压好，按要求决定是否拍碎土块，翻过的地面要平整。

3. 耙耱土地 耕翻后，为将土壤整细弄平，需要进行适度耙耱。大面积地块，由机械或牲畜牵引先耙地直至将所有土坷耙碎达到要求，然后用耱（亦称耢或盖）耱地，进一步耱碎土坷整平地面。对小面积地块或畦，翻地后先镐碎土块，而后用铁耙进一步弄细耧平地面。

（二）做畦

1. 制作平畦 降雨少地区露地栽培蔬菜，蔬菜生长期间经常需要灌溉，所以普遍采用平畦。平畦规格宽 1 ~ 1.6m，长 10 ~ 15m。做畦操作，首先按要求做好灌、排水沟。而后按畦的规格拉线做标记，接着培畦埂。培畦埂时，分别从畦埂位置的两侧起土培埂，共培 2 次土，用脚踩 2 遍，按要求规格用铁锨把畦埂切直拍光，最后用铁耙耧平畦面（图 32–1）。

2. 制做高垄 早春地膜覆盖栽培矮生菜豆、马铃薯，秋季栽培大白菜、萝卜等多采用高垄。高垄规格为，基部宽 0.4 ~ 0.5m，高垄长 10 ~ 15m。高垄中部高 10 ~ 15cm，高垄与高垄间隔 0.4 ~ 0.5m。做高垄前，应在整块地总体布置好的基础上，先修好灌、排水道，然后按高垄宽和间隔距离拉线做标记，从高垄两侧均匀起土培垄，培垄用土要细碎，高垄表面要求光滑平整，这对覆地膜很重要。

3. 制作高畦 早春为提高地温，常采用高畦覆地膜栽植番茄、茄子、甜椒、甘蓝、莴苣等蔬菜，使收入期提早 7 ~ 10d。雨水充沛，选用高畦方式，有利于雨季排水。高畦底宽 0.6 ~ 0.75m，中高 10 ~ 15cm，高畦面呈龟背形（有些高畦畦面中部略低洼），高畦长 10 ~ 15m。做高畦的方法和做高垄相同，如果需要浇水造墒时，在培高畦前，于中部开沟浇水后再同样培土做高畦（图 32–2）。

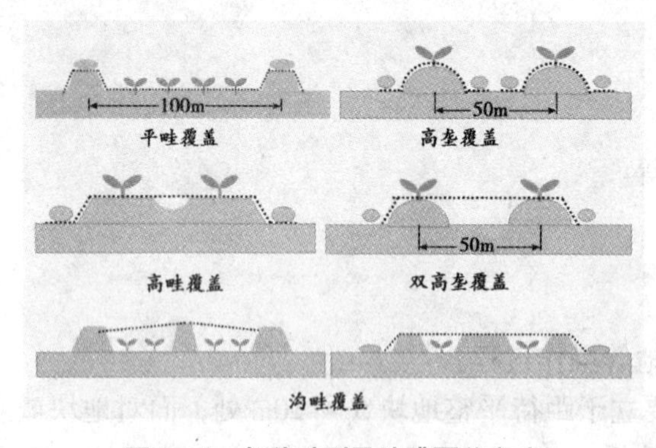

图32–1 各种畦型及地膜覆盖方式

图32–2 覆盖地膜的高畦

4. 制作双高垄 日光温室中常用的双高垄覆盖方式，制作方法是，先翻地，将撒施的有机肥料、化肥等与土壤混匀，然后做平畦（图 32–3）。操作者站在平畦中央，用长柄窄头的平锹从高畦中央铲土，堆向两边，形成两条垄（图 32–4）。使用窄头平锹可以保证双高垄之间的浇水暗沟不至于过宽。然后向铲出来的沟中浇水。浇水的目的是利用水的水平性让做出的双高垄呈水平状态，不至于北高南低或南高北低。在浇水的同时，两名操作者分别立于双高垄两侧的行间操作通道中，用钉耙根据水面的位置修整垄面，即使水迅速下渗，也会在水沟的内壁留下水面位置的痕迹，操作者还可以根据这一痕迹修整。经过这样的修整，以后在栽培期间浇水时就不会出现垄沟局部积水或局部干旱的极端现象。

图32-3 先做平畦

图32-4 从平畦起土堆成双高垄

（三）覆膜

做畦后，为保墒增温应尽快覆盖地膜。人工覆盖地膜，先将垄或畦两侧开出压膜沟，三个人一组，一人在前张膜，二人分别在两侧边用手拉紧膜边压土固定，力求达到紧、严、实的标准。春季覆盖地膜，注意选择无风天气进行，若有小风，应从上风头向下风头操作，切勿逆风操作。覆膜后避免被风吹起，可在高畦背面按一边间隔压些湿土。

五、问题与拓展

调查城郊菜农整地做畦的经验，丰富知识，为将来从事蔬菜生产打下坚实的技术基础。

六、作业与思考

1. 为什么不同地区及不同气候条件下要采用不同畦型？
2. 调查当地蔬菜产区农民习惯采用的畦型，并分析原因。

项目33 定 植

一、目的与意义

蔬菜定植是育苗移栽蔬菜栽培过程中的重要环节。通过实践，掌握蔬菜定植方法。

二、任务与要求

按教师要求正确进行定植操作，定植后幼苗应缓苗迅速，无萎蔫现象，成活率应达95%以上。

三、材料与用具

适合定植的蔬菜适龄幼苗，已做好的栽培畦，水桶、水勺、小铲等。

四、内容与步骤

1. 定植时期　喜温、耐热性蔬菜春季定植时期是在当地晚霜结束后或 10cm 地温达到 10 ~ 15℃时，秋季定植期以早霜之前收获完毕为准，根据生育期再向前推算；耐寒、半耐寒性蔬菜春季定植时期是当地土壤化冻或 10cm 地温达到 5 ~ 10℃时，秋季定植期以早霜开始后 15 ~ 20d 收获完毕为准，根据生育期向前推算。

2. 定植密度　一般黄瓜定植密度为 3 000 ~ 4 500 株 /666.7m^2，平均行距 60 ~ 80cm，株距 20 ~ 30cm；番茄定植密度为 2 500 ~ 4 000 株 /666.7m^2，平均行距 50 ~ 60cm，株距 30 ~ 40cm；辣椒（每穴双株）定植密度为 4 000 ~ 4 500 株 /666.7m^2，平均行距 50 ~ 60cm，穴距 30 ~ 40cm；结球甘蓝定植密度为 3 000 ~ 3 500 株 /666.7m^2，平均行距 50cm，株距 40cm。

3. 定植深度　一般以不埋住子叶和生长点为宜，徒长苗适当深栽。

4. 定植方法

（1）打孔定植　采用暗水定植方式，暗水定植的含义是，在做好的畦或垄内，先按株距、行距开穴，逐穴浇足水，待水渗下一半时，摆苗坨，水完全下渗时覆土封穴。此法因地温不易下降，常用于低温季节蔬菜定植。宜选择晴朗、无风的中午定植为宜。

提前覆盖地膜提高土壤温度（图 33–1）。选晴天上午，先用一段与垄等长的绳子上按株距做标记，然后两人各执绳子的一端，拉直，按标记用小木棍在地膜上插孔，标示打定植孔的位置（图 33–2）。然后用自制打孔器打定植孔。打孔器前端与营养钵外形一致，下口细上口粗，只是没有营养钵那样的底，这样打出的定植穴的形状就能与幼苗所带的土坨完全吻合，定植后基本不要再填土，苗坨可以不高不矮、严丝合缝地被安放到定植穴中。不能像过去那样，把打孔器做成上下一般粗细的铁筒，否则定植后土坨与土壤之间有空隙，需要填土并浇两次水，才能让幼苗根系与栽培田土壤弥合。一条地膜下的双高垄由两条垄组成，在每条垄的垄背上打孔，间距 25cm，打孔深度以土面与打孔器上沿平齐为准，保证定植后幼苗土坨表面与垄面相平，不能过深，也不宜过浅（图 33–3）。打孔后，把幼苗摆放到定植穴旁边，准备定植（图 33–4）。

图33–1　覆盖地膜

图33–2　拉绳定位

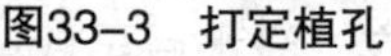

图33-3 打定植孔

图33-4 摆放幼苗

观察定植穴深度，如果过深，要用手抓土回填。之后，用水壶按穴浇水，水一定要浇足，然后趁水尚未完全渗下，迅速栽苗。一只手掌面向营养钵表面，手指夹住幼苗基部，倒扣营养钵，另一只手摘除营养钵，将幼苗带土坨取出，安放到定植穴内，水下渗的过程中，土坨会与双高垄土壤紧密结合在一起（图 33-5）。定植的深度以苗坨与垄面相平为宜，不宜过深，并注意不要弄散土坨。定植时要注意，垄间两行要交错定植。次日，从行间抓土将苗坨与土壤、薄膜之间的空隙封严，注意，不要在苗坨表面即植株茎基部培土，以保持茎基部的相对干燥状态，预防病害发生（图 33-6）。

图33-5 倒扣营养钵取出幼苗

图33-6 定植后取土封穴

也可采用明水定植方法。在做好的畦内，按株行距开穴或开沟栽苗，覆土封穴（沟）后逐畦浇足水。其优点是：定植速度快，省工，根际水量充足。缺点是易降低地温，表土易板结。一般用于夏秋季高温季节蔬菜定植，且选择阴天，无风的下午或傍晚定植为宜。

（2）开沟定植　特点是便于控制定植水量，并保证定植水能有效地被幼苗所吸收，而且有利于提高地温。因此，此法适宜在低温季节的露地和保护地各类蔬菜的定植。定植沟的大小要根据幼苗土坨大小、蔬菜根系特点和计划浇水量多少来定。一般土坨大，根系深时，定植沟要宽此深些，反之就开沟小些。如茄果类蔬菜开沟要深些，黄瓜开沟就要浅些。一般定植沟深 10 ~ 12cm，宽 15 ~ 20cm。

与打孔定植一样，根据用定植水的先后可将开沟定植分为暗水定植、明水定植两种方式。

暗水定植（水稳苗），是按行距开沟，在沟内浇水后按株距将带坨苗完整地按入沟内，栽植深度一般要求覆土后土坨上顶与地面相平，冬季和早春栽植黄瓜可在地下埋半坨，如农谚所说："黄瓜露坨茄子没脖。"

明水定植（干栽苗），也是按行距开沟，暂不浇水，在沟内先将苗埋好后再顺沟浇水。定植苗时需将浇水沟输通好。这种定植方法便于操作，效率高。另外，由于有浇水沟，还可利用此沟浇缓苗水，然后通过中耕再平沟，适用于早春大棚和温室。

（3）挖穴定植　按株行距挖定植穴，对需要插架的蔬菜，同畦内两行定植要相对，便于支架；对于不需插架的蔬菜，两行之间定植穴相互错开。定植穴大小深浅同样要根据土坨大小、浇水方式和蔬菜根系特点来决定，埋土时要把土拍碎，并将土坨周围土压实。同是挖穴定植，一般因应用季节和应用场所不同浇定植水的方法也不同，在温暖季节定植，都是定植后普遍浇水，而在低温季节于温室中挖穴定植，就要挖穴、浇水后再栽苗。另外不论在保护地内或露地采用高畦覆地膜进行挖穴定植时，尤其是在露地膜前浇水造墒的，也适宜点水浇后栽苗。这样有利于维持较高的地温，加快缓苗。

五、问题与拓展

1. 定植需要注意的问题

（1）瓜类蔬菜嫁接苗多用高畦或高垄定植　这样定植的嫁接苗，能够减少浇水时泥水对接合部位的污染，接合部位不易染病。另外，高畦、高垄表面较为干燥，也不易诱发苗穗基部发生不定根。

（2）瓜类蔬菜幼苗定植深度要浅　适宜的栽苗深度为原土坨面稍高于畦面 1 ~ 2cm。浅栽苗的目的是加大嫁接部位与畦面的距离，减少畦面对接穗的影响。定植后种苗上覆盖准备好的细园土 1.5cm。

（3）选用大苗、壮苗定植　大苗、壮苗的接穗和砧木的接合面积大，接合质量好，定植后缓苗快，结瓜早，容易高产。而小苗和弱苗则多是由于苗穗和砧木间的接合差所造成的，该类苗的生长势弱，不易缓苗，发棵质量也较差，坐瓜晚，难获高产。

（4）适当稀植　嫁接苗的长势较旺，单株瓜秧较大，不宜密植。一般每 666.7m^2 的种植密度要比普通西瓜减少 10% 左右。

2. 定植后的施肥问题　若蔬菜定植前，一次性施入大量的肥料，像稻壳肥、鸡粪、商品有机肥、复合肥及中量或微量元素肥料，底肥充足，土壤中的营养完全可以满足蔬菜苗期生长的需要，所以初期没有必要再施用氮磷钾肥料。如若施肥不当还会造成烧根，因为蔬菜定植后，部分有机肥或化肥开始逐步被土壤微生物分解，释放可以被蔬菜根系所直接利用的养分，假若再随水追肥，底肥分解加上追肥，会造成大量的养分聚集在幼嫩的根际，导致根系受伤。同时如果苗期使用较多的氮肥，还可能造成旺长，根系下扎浅，而植株旺长所带来的主要后果是，花芽分化不良，开花结果延迟。所以，若基肥施用充足，没有必要追肥。。

六、作业与思考

1. 分析明水定植和暗水定植分别在什么情况下采用。

2. 打孔定植需要注意哪些问题?

项目34　中耕和培土

一、目的与意义

生育期在株行间进行的疏松表层土操作称作中耕，之所以中耕，是因为菜田土壤在浇水、降雨等因素的作用下，表土逐渐坚实板结，恶化了透气性能。通过中耕，可以改善透气性，提高地温，促进好气微生物活动和养分有效化，去除杂草，促使根系伸展，调节土壤水分状况。

结合中耕从行间取土，向植株基部壅土，或培高成垄的措施，称作培土，培土可以增厚土层，提高地温，覆盖肥料和理压杂草，并能达到防止倒伏，或软化蔬菜产品，或为某些蔬菜在地下形成产品器官创造适宜环境的目的。

通过本项目，旨在使学生了解中耕、培土的必要性，并掌握相应技术。

二、任务与要求

在教师的指导下，按教师要求，完成中耕、培土任务。

三、材料与用具

铁锨、大小锄头、挠钩等相关农具。

四、内容与步骤

（一）中耕

菜园中蔬菜的株行距较小，多由人工中耕，常用的工具有大、小锄头和各种挠钩等。

多在定植后至株冠封垄之前，于浇水降雨之后，适墒中耕。具体中耕要求如下：

在作物生育期间，中耕深度应掌握浅—深—浅的原则。即作物苗期宜浅，以免伤根；生育中期应加深，以促进根系发育；生育后期作物封行前则宜浅，以破板结为主。

在蔬菜移植分苗缓苗后要及时中耕松土，由于苗间距小，多用 8 # 铅丝或相当粗细的钢筋挠钩，中耕 2 ～ 3 遍。中耕深度由浅入深，深达 2 ～ 3cm。大部分蔬菜在定植缓苗后到株冠封垄前，即在蹲苗期间要进行 3 ～ 4 次中耕，中耕深度为 10cm，一般黏性土中耕次数多，中耕深度较深。对砂性土中耕次数少，中耕深度也较浅。不论对何种蔬菜进行多次中耕时，都要遵照第一次中耕要浅。中耕要精细；第二三次逐渐加深，要挠通挠透；最后一次中耕要浅。

（二）培土

针对不同蔬菜，分别采取相应的培土方式。

1. 防倒伏　如栽培晚熟的茄子，甜椒以及采种植株，由于植株高大，重心靠上，为防止倒伏，在植株封垄前后，配合中耕进行 2 ～ 3 次培土。将植株基部逐渐培成垄背，不仅提高抗风能力，还有利于雨季排水。

2. 培土软化　秋季宽行种植芹菜，到秋分节前后，配合中耕松土；将行间土分 2 ～ 3 次培于芹菜底部，使芹菜叶柄下部软化成白色，从而提高品质。

在大葱栽培中为增加葱白的长度，全生长期培土 3 次。短葱白类型（鸡腿葱）培土次数少，每次培土也较薄；高葱白类型培土次数多，每次培土也较厚，并在日土温较低时进行。

立秋节培第一次土，上午葱叶上无露水后将垄脊1/2处用铁锹铲起拍细碎后，培在葱株基部；白露节培第二次土，培土前中耕松土，然后培土；秋分节培最后一次土，同样培土前先中耕松土。注意每次培土要保护好葱叶，取土的宽度不超过行距1/3，最后一次取土深度不要超过原开沟深度的1/2，否则取土范围过宽过深，不仅不便培大垄，还有损于根系生长。

3. 改善土壤环境　栽培马铃薯、生姜、大型萝卜等蔬菜时，在产品器官形成时，配合中耕培土1～2次，可以改善土壤环境，促进产品的形成。

五、问题与拓展

调查露地蔬菜和设施蔬菜中耕、培土操作有何不同。

六、作业与思考

1. 大葱培土和马铃薯培土的目的有何不同?

2. 黄瓜蹲苗期如何中耕?

项目35　除　草

一、目的与意义

除草是菜园一项经常性工作，将生长在田间的杂草通过人工中耕及时防除，中耕除草针对性强，干净彻底，操作方便，技术简单，除草效果好，不但可以除掉行间杂草，而且可以除掉株间的杂草，给蔬菜提供良好的生长条件。但方法比较落后，工作效率低。

化学除草具有除草及时、效果好、劳动强度轻、工效高和成本低等优点，推广和应用化学除草，可以取得较高的经济效益和社会效益。

本项目旨在使学生掌握人工除草技术，了解菜田常用除草剂的种类及特点，掌握化学除草的操作技术。

二、任务与要求

在教师的指导下，完成规定除草任务。人工除草要求要除彻底，不得留下小草，以免引起后患。

三、材料与用具

各种化学除草剂。大锄、小锄、喷雾器等。

四、内容与步骤

在蔬菜生长的整个过程中，根据需要可进行中耕除草。

（一）人工除草

对于营养面积较大的株间、行间杂草，一般与多次中耕结合进行铲除，除草时要抓住有利时机，原则是除早、除小、连根除，“宁除草芽，勿除草爷”，即要求把杂草消灭在萌芽时期。对于撒播蔬菜，尤其在蔬菜幼小苗期，杂草会严重影响它们的生长，这时要及时拔除杂草，拔草要在浇水或雨后进行，拔下来的杂草一定要清出菜地，不然在潮湿的天气里会再次复活。

（二）化学除草

菜园普遍应用的除草剂及使用方法如下：

（1）35% 除草醚乳油 用于胡萝卜、芹菜、芫荽、茴香、韭菜、葱、蒜、洋葱、架豇豆、白菜等蔬菜。在其播种后，出苗前每 666.7m^2 用 200 ~ 300g 对水 40 ~ 60kg，用喷雾器均匀地喷于畦面。

（2）48% 氟乐灵 用于甜椒、番茄、茄子、黄瓜、冬瓜、大葱、甘蓝、白菜等蔬菜。在其移栽前或移栽后施药，每 666.7m^2 用 125g 对水 55kg 喷于畦面，然后用四齿来回耧一遍表土，深度为 3 ~ 5cm。因氟乐灵易光解失效，所以施药后要与表土混合。

（3）50% 扑草净 用于大葱、大蒜、韭菜、胡萝卜、茴香、芹菜等蔬菜，在其播种后出苗前施用，每 666.7m^2 用 250g 对水 50 ~ 60kg，用喷雾器均匀地喷于地面。

（4）50% 除草剂 1 号 用于韭菜、茴香、芫荽、胡萝卜等蔬菜，在播种后出苗前施用，每 666.7m^2 用 100 ~ 200g 对水 50 ~ 60kg 喷洒地面。老根韭菜割后 3 ~ 5d,刀口愈合后施用。

（5）48% 拉索乳剂（甲草胺） 用于马铃薯、萝卜、油菜、洋葱、蒜、辣椒等蔬菜，在播种后或定植前施药，每 666.7m^2 用 130 ~ 330g，对水 50 ~ 60kg，地面喷雾，沙质土用药宜少。

（6）20% 草枯醚 用于大白菜、小白菜、油菜、甘蓝、萝卜、芥菜等十字花科蔬菜，在播种后出苗前施用，每 666.7m^2 用 500g，对水 60 ~ 70kg，地面喷雾。

（7）25% 除草醚 用于茼蒿、莴苣等菊科蔬菜，在播种后出苗前施用，每 666.7m^2 用 1 000g，对水 60 ~ 70kg，地面喷雾。

（8）30% 灭草安乳粉 用于百合科蔬菜，在播种后出苗前施用，每 666.7m^2 用 1 000g 对水 60 ~ 70kg，地面喷雾。

五、问题与拓展

（一）韭菜田化学除草

韭菜在苗期和养根期随着苗的生长，杂草也迅速生长，不及时除草会造成“草吃苗”现象，影响韭菜生长发育，导致植株细弱，甚致死亡，为解决人工拔草费工费时的矛盾，可在韭菜不同生育期采用不同的除草剂和使用不同方法进行化学除草。

1. 播种后苗出土前除草 可采用 50%扑草净可湿性粉剂，每 666.7m^2 用 100g，掺细土 15kg 混合均匀，撒到地表面。或用 50%扑草净可湿性粉剂 100 ~ 150g 加水 75 ~ 100kg，用喷雾器喷洒地面。或用 60%杀草安乳油，每 666.7m^2 用量 300 ~ 400g，苗前喷雾处理土壤。或用 50%利谷隆，每 666.7m^2 用量 100g，苗前喷雾处理。也可用 33%除草通，每 666.7m^2 用 125g 对水 50kg 地面喷施。以上药剂使用后有效期均可达 1 个月。

2. 苗后处理土壤 苗前喷药 20d 后药效逐渐消失，杂草又要大量滋生，需进行第 2 次除草。苗后土壤处理可每 666.7m^2 施用 100 ~ 150g 的 48%氟乐灵乳油或 50%除草剂 1 号 150g 加水 30 ~ 50kg，均匀喷洒地面。注意氟乐灵怕光，喷药后要浅耕 1cm 左右使之与土混合。

3. 苗期茎叶处理 苗期当杂草已长出后，用茎叶处理药剂，以杀死萌发生长中的杂草，可每 666.7m^2 施用 20%拿扑净 65 ~ 100g，50%利谷隆可湿性药剂 150g 或 50%除草醚 750 ~ 1 000g，加水 50kg，对杂草茎叶喷雾；也可用 20%百草枯 100 ~ 150g 与上述土壤处理的除草剂混合使用，喷地面和茎叶，效果较好。注意在使用除草剂前一定详看说明书，防止造成药害。

4. 夏秋季养根期除草 在停止收割养根期间，尤其在高温多雨季节，杂草生长迅速，影响韭菜生长发育，除灌水及雨后及时拔草外，也可应用除草剂除草。方法是每 $666.7m^2$ 用48%氟乐灵 100 ~ 150g 喷雾处理土壤后结合中耕进行培土，除草效果好、成本低、安全。也可每 $666.7m^2$ 用 50%扑草净 150g 或 50%除草剂 1 号 150 ~ 200g，或 35%除草醚乳油 0.5kg，或 25%除草醚 1kg，或 50%稗草稀乳油 1.5kg，或 50%扑草净 75g，或 50%利谷隆 50g，加水 50 ~ 75kg，定向喷雾处理土壤，有很好的除草效果。

（二）除草剂的分类

可按作用方式、施药部位、化合物来源等多方面分类。

1. 根据作用方式分类

（1）选择性除草剂 除草剂对不同种类的植物，药效不同，此药剂可以杀死杂草，而对栽培植物无害。如盖草能、氟乐灵、扑草净、西玛津、果尔等。

（2）灭生性除草剂 除草剂对所有植物都有毒性，只要接触绿色部分，不分苗木和杂草，都会受害或被杀死。主要在播种前、播种后出苗前、苗圃主副道上使用。如草甘膦等。

2. 根据在植物体内的移动情况分类

（1）触杀型除草剂 药剂与杂草接触时，只杀死与药剂接触的部分，起到局部的杀伤作用，植物体内不能传导。只能杀死杂草的地上部分，对杂草的地下部分或有地下茎的多年生深根性杂草，则效果较差。如除草醚、百草枯等。

（2）内吸传导型除草剂 药剂被根系或叶片、芽鞘或茎部吸收后，传导到植物体内，使植物死亡。如草甘膦、扑草净等。

（3）内吸传导、触杀综合型除草剂 具有内吸传导、触杀型双重功能，如杀草胺等。

3. 根据化学结构分类

（1）无机化合物除草剂 由天然矿物原料组成，不含有碳素的化合物，如氯酸钾、硫酸铜等。

（2）有机化合物除草剂 主要由苯、醇、脂肪酸、有机胺等有机化合物合成。如醚类——果尔、均三氮苯类——扑草净、取代脲类——除草剂一号、苯氧乙酸类——二甲四氯、吡啶类——盖草能、二硝基苯胺类——氟乐灵、酰胺类——拉索、有机磷类——草甘膦、酚类——五氯酚钠等。

4. 按使用方法分类

（1）茎叶处理剂 将除草剂溶液对水，以细小的雾滴均匀喷洒在植株上，这种喷洒法使用的除草剂叫茎叶处理剂，如盖草能、草甘膦等。

（2）土壤处理剂 将除草剂均匀地喷洒到土壤上形成一定厚度的药层，当杂草种子的幼芽、幼苗及其根系被接触吸收而起到杀草作用，这种作用的除草剂，叫土壤处理剂，如西玛津、扑草净、氟乐灵等，可采用喷雾法、浇洒法、毒土法施用。

（3）茎叶、土壤处理剂 可作茎叶处理，也可作土壤处理，如阿特拉津等。

六、作业与思考

1. 菜田人工除草需要注意那些问题？

2. 简述正确选择菜田除草剂种类的意义。

项目36 灌 溉

一、目的与意义

灌溉是人工引水补充菜田水分，以满足蔬菜生长发育对水分需求的技术措施。蔬菜产品含水量均在90%以上，所以水对蔬菜生长非常重要，与大田作物相比用水多浇水次数也多。对蔬菜本身讲，不同蔬菜及同一种蔬菜种植季节和场所不同需水不一样。

本项目旨在通过实践，使掌握蔬菜灌溉的基本方法与基本原则，并能根据气候、土壤、幼苗等具体情况进行蔬菜的合理灌溉。

二、任务与要求

掌握浇水的基本原则，能够根据具体情况进行蔬菜作物的合理灌溉。

三、材料与用具

水泵、铁锹、管道等。

四、内容与步骤

（一）番茄灌溉

1. 苗期浇水　播种前，播种床要浇足底水，床土润湿深度达到8 ~ 10cm。分苗前不再浇水。分苗时，如果播种床床土过干要提前喷水。分苗苗床要预先开沟，浇水后栽植幼苗。如果将幼苗分到营养钵中，在分苗后要将营养钵内营养土湿透。定植前的囤苗期间，一般不浇水，保持苗床要干燥。

2. 定植浇水　开沟浇水，水稳苗。必须保证土坨湿透。对于覆地膜的，在做畦时要开沟造墒，定植打孔点水。

3. 定植后浇水　对于苗龄大、土坨不完整的幼苗，在定值后2 ~ 3d可适当补浇1次水。定植7d后，完成缓苗，浇1次缓苗水，以后便进入中耕蹲苗期。第一穗果实到山楂大小时，结束蹲苗，开始浇催果水，催果水对早熟品种可适当提前，以防因缺水抑制茎叶生长和根系发育。以后进入果实膨大期和采收期，通常7 ~ 8d浇1次水。要视具体情况适当延长浇水间隔时间，严禁浇水过勤和浇水量过大，造成空气湿度和土壤湿度过高，防止因低温高湿导致植株烂根和发生早疫病、叶霉病、灰霉病、菌核病等病害。

（二）辣椒灌溉

1. 苗期浇水　对于播种床，要在播种前2 ~ 3d浇足底水，覆盖地膜增温。播种时再用喷壶喷一遍水。分苗前不再用水。苗床分苗时，开沟浇水，将幼苗分栽到沟内，覆土，如果苗土过干，3d后再浇1次水。囤苗前浇水，切土坨起苗。

2. 定植浇水　不盖地膜时，按行距开沟，浇水栽苗。覆盖地膜时，浇水方法分两种，一种是在定植后浇透水，几天后土壤稍干燥，然后再覆盖地膜；另一种是提前做高畦，覆盖地膜，而后再打孔、点水、定植，但在做畦前要先造墒。

3. 定植后浇水　辣椒的需水量不大，但由于根系分布较浅，且耐旱、耐涝性差，因此需经常供给水分，才利于其正常生长发育开花坐果和果实长大。以日光温室冬春茬辣椒为例，在定植时或定植后浇足底水基础上，缓苗期不宜再浇水。初春严寒期，若出现缺水现象时，则需要从小行间地膜下的浅沟中浇小水，使表土保持见干又见湿的程度，既利于根系呼吸，又能满足植株生长发育对水分的需求，且能降低棚内空气湿度，预防疫病、根腐病等病害。如果有条件，最好在小行间地膜下铺滴灌管，既节水有省工，且水量分布均匀。

浇水时间选择晴天中午前后，阴天不浇水，防止降低地温。随着外界气温逐渐回升、土壤蒸发量和植株叶面蒸腾量加大，植株结果需水量也日渐增加。因此，应逐渐缩短浇水间隔天数，但仍需轻浇。一般由 20d 左右浇 1 次水，逐渐缩短为 12 ~ 15d 浇 1 次水，由往小行间膜下小沟内浇水，改为往大行间的大沟里灌水，由于温室空气湿度会因此提高，所以在浇水前或浇水后要喷药防病。到 5 月中旬至 6 月中旬，随着昼夜通风和天气干燥，温室内土壤水分蒸发量大，且植株正值结果盛期，需水量大，应每 8 ~ 10d 浇 1 次水，而且适当增加每次的浇水量。

（三）黄瓜灌溉

1. 苗期用水　以营养钵育苗为例。为保证育苗期间充足的水分供应，减少幼苗生长期间的浇水量，在播种前要浇足底水。播种前一天，从营养钵上面一个钵一个钵地浇水，浇水量要尽量均匀一致，这样可保证出苗整齐，幼苗生长也容易做到整齐一致。为提高效率，也可用喷壶喷水，但要尽量做到浇水均匀，水量掌握在有水从营养钵底孔流出为宜。水渗下后，先不要播种，第二天上午再喷 1 次小水，确保营养土充分吸水，然后才能播种。为防止幼苗徒长，苗期要尽量少浇水，最好不浇水。因为营养土中有充足的养分，所以苗期也无须追肥。在育苗后期，幼苗拥挤，容易徒长，可将营养钵拉开，加大钵与钵之间的距离。

2. 定植浇水　以冬春茬黄瓜为例，定植时间在“大寒”和“立春”之间，苗龄 45 ~ 50d。不定植时气温低，根系不能迅速生长，容易受到低温伤害，因此要采用点水定植的方法，定植时用打孔器在覆盖地膜的双高垄上，按 25cm 的株距打定植穴，穴深 10cm。按穴浇水，水一定要浇足。如果气温较高，也可以打孔、摆苗、填土，完成定植后再统一浇一遍大水（图 36–1）。秋冬茬定植时，由于气温高，可不覆盖地膜，可在开穴后摆苗，按穴浇水，然后培土。

3. 定植后浇水　定植后 3d，即可浇缓苗水，过去多在定植后 5 ~ 7d 才浇缓苗水，实践表明，这样的间隔时间偏长了。缓苗水后到根瓜坐住之前为蹲苗期，此期间一般不浇水。在蹲苗期间，根瓜尚未坐住，有的种植者见土壤干旱，空气干燥，甚至叶片都有些萎蔫，就忍不住浇水，结果必然导致植株茎叶徒长，致使根瓜及植株中上部的瓜坐不住，即使坐住，瓜的增大也十分缓慢，这是因为，大部分营养都集中供应茎叶了。直至根瓜长到 10cm 长时再浇一次水，此水称作“催瓜水”（图 36–2）。

黄瓜结果时期延续的时间长，水分管理的原则是“控温不控水”，因为只有保证充足的水分供应才能有产量，不能因为怕黄瓜发生霜霉病等病害而过度控水。一般要根据黄瓜生长发育状态并结合经验确定浇水时机，结果前期间隔时间长些，结果盛期间隔时间短些，通常每 5 ~ 7d 浇一遍水，有时甚至需要每隔 3d 就浇 1 次水。浇水时间选择晴天上午，水量以浇满暗沟为宜。

（四）韭菜

1. 苗期浇水　早春种植韭菜，采用撒播方法，苗床浇水 7 ~ 8cm 深，水渗后播种。出苗喷水保持土壤湿润，或在畦面覆盖稻草保湿。在幼苗长到 1.5cm 高以后，天气变暖，6d 浇 1 次水。初夏停止浇水并注意排水。

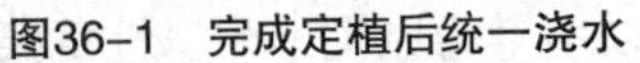

图36-1 完成定植后统一浇水

图36-2 根瓜膨大期浇催瓜水

2. *定植后浇水* 保护地栽培韭菜多在6～7月定植。一般采用平畦栽培，定植后浇水1～2次，便进入高温夏季，不再浇水，注意排水。立秋以后，天气逐渐凉爽，韭菜开始快速生长，4～5d浇1次水，做到小水勤浇，“霜降”节停止浇水，促使韭菜“回根”。韭菜完全“回根”后，在扣膜前浇1次大水，扣膜后不再浇水。到翌年春季天气转暖，需水量增大，为收割最后一刀和提高产量，可适当浇水1次。

五、问题与拓展

（一）灌溉方法

灌溉可分为地面灌溉、地上灌溉、地下灌溉3种方式。

1. *地面灌溉* 分为畦灌、沟灌。在设施地面上做水沟，让水沿一定坡度，自然流入栽培畦内或垄间水沟，湿润土壤（图36-3）。这种方法简单，但水量不易控制，水分蒸发量大，也容易造成水的浪费。

2. *地上灌溉* 主要指滴灌、喷灌。滴灌是利用低压管道系统把水或溶有化肥的溶液均匀而缓慢地滴入蔬菜根部附近的土壤（图36-4）。喷灌是利用专门设备把有压水流喷射到空中并散成水滴落下的灌溉方法。

图36-3 垄间沟灌

图36-4 地膜下滴灌

3. 地下灌溉　利用埋设在地下的管道，将水引入蔬菜根系分布的土层，借毛细管作用自上而下或向四周湿润土壤的灌溉方式。

（二）灌溉的基本原则

1. 根据季节特点灌溉　3 ~ 4 月少浇水；5 ~ 6 月大水勤浇；7 ~ 8 月排灌结合；9 ~ 10 月浇水次少、量足；11 月越冬蔬菜浇封冻水；12 月至翌年 2 月棚室蔬菜宜控制浇水。

2. 依天气情况灌溉　冬季、早春选择晴天浇水，避免阴天浇水；夏秋季宜早晚浇水，避免中午浇水。

3. 依土壤质地灌溉　沙质土壤浇水次数宜多，黏重土壤浇水次数宜少。

4. 依蔬菜生物学特性灌溉　水生蔬菜不能缺水；喜湿性蔬菜保持地面湿润；半喜湿性蔬菜要求见干见湿；半耐旱性蔬菜浇水量不易过大，以不旱为原则；耐旱性蔬菜前期湿后期干的原则。

5. 依生育时期灌溉　播种前浇足底水；出苗前一般不浇水；幼苗期应控制浇水；产品器官形成前一般不浇水，进行蹲苗；产品器官旺盛生长期要勤浇多浇，不可缺水。

6. 根据植株长相灌溉　即根据蔬菜作物缺水症状表现进行灌水。如叶色深浅、蜡粉多少、生长点部位是否舒展、早晨叶子边缘吐水情况、中午叶子萎蔫程度及傍晚恢复情况。

六、作业与思考

1. 蔬菜苗期浇水的基本原则是什么？

2. 瓜类、茄果类蔬菜结束蹲苗时，浇水的时机为什么重要？

项目37　土壤追肥

一、目的与意义

追肥是指在蔬菜生长发育过程中施用肥料，是满足蔬菜生长发育所需营养元素的重要技术措施。本项目旨在通过实践，使学生掌握蔬菜追肥的基本方法与原则，并能根据气候、土壤、幼苗等具体情况进行合理追肥。

二、任务与要求

完成 1 ~ 2 种蔬菜作物的追肥操作，要求不烧苗、不浪费。

三、材料与用具

腐熟有机肥、磷酸二氢钾、硫酸铵、尿素等肥料。

四、内容与步骤

1. 番茄施肥　以越冬茬番茄为例，育苗后期，如果叶色偏黄，叶面喷施 0.2% ~ 0.3% 磷酸二氢钾溶液。定植时施用底肥，要获取每亩 5 000kg 的产量，施优质有机肥 5 000 ~ 7 000kg，过磷酸钙 25 ~ 50kg，钾肥 10kg，磷肥掺入厩肥中堆沤，在翻地时施入。

浇缓苗水后，在第一花序开花坐果之前，植株处于蹲苗时期，不要轻易浇水施肥，植株干旱时可只少量浇水，不准追肥。第一果穗的果实核桃大小，已经坐住，此时可浇 1 次水，每 $666.7m^2$ 随水追施尿素 10 ~ 15kg（图 37–1）。为施肥方便，可使用施肥器（图 37–2）。

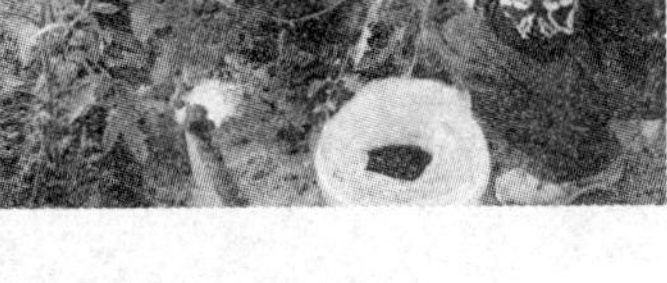

图37-1 施用冲施肥

图37-2 施肥器

12 月至翌年 1 月，气温、地温很低，日照时间短，光照强度弱。开始采收后，植株挂果增多，需要补充营养，应开始追施速效氮肥和磷、钾肥，一般每次每 666.7m^2 可施磷酸二铵 25kg、硫酸钾 20kg，或氮、磷、钾复合肥 30kg，也可追施腐熟的粪肥。如果植株长势较弱或不便浇水，可进行叶面追肥，喷施 0.2% 的尿素和 0.2% 的磷酸二氢钾等，以增强植株长势。

2 月中旬以后气温回升，天气逐渐转暖，可浇水促进番茄植株生长，每穗花序的果实坐住后，分别追施 1 次催果肥。使用冲施肥或将尿素、硫酸钾溶解于少量水中，浇水时随水冲施，每 666.7m^2 15 ~ 20kg。

栽培后期，在植株最上部的花序坐住果，最后冲施肥料后，如果植株有早衰迹象，要喷施 0.1% 磷酸二氢钾、0.5%尿素溶液，每 6 ~ 7d 1 次，连续喷 2 ~ 3 次。

2. *辣椒施肥* 营养钵育苗，营养土配制参照前述，定植时施用底肥，亩施腐熟有机肥 5 000 ~ 8 000kg，磷酸二铵每 666.7m^2 30 ~ 50kg，还可掺入硫酸钾 25 ~ 30kg。在整地前撒施 60%，定植时沟施 40%。幼果长到核桃大小时，结合浇水追施磷酸二铵 30kg，门椒采收后，对椒膨大期每 666.7m^2 追施硫酸铵 30 ~ 40kg。以后每层果实采收后均施肥。在开花结果期还可配合叶面喷肥，0.5%尿素加 0.2% 磷酸二氢钾，可提高结果数和果实品质。

3. *黄瓜施肥* 营养土配制参照前述，育苗后期缺肥时，叶面喷施 0.2% 磷酸二氢钾。定植后，一般要根据黄瓜生长发育状态并结合经验确定浇水时机，结果前期间隔时间长些，结果盛期间隔时间短些，通常每 5 ~ 7d 浇一遍水，有时甚至需要每隔 3d 浇 1 次水。每次浇水均随水施肥，如果浇水时间间隔较短，可每隔 1 次水施 1 次肥。施用磷酸二铵或四元素复合肥，其中施用磷酸二铵的温室所结的黄瓜果皮颜色好，口感略甜，风味好。每次施肥每 666.7m^2 的施肥量通常为 15kg。这是因为，黄瓜是一种喜肥喜水蔬菜，只有保证充足的水肥，才能高产，但过量施肥容易导致土壤盐渍化。

五、问题与拓展

（一）土壤追肥的方法

土壤追肥有撒施、沟施、穴施、随水冲施等。撒施即将肥料撒在土壤表面，随灌溉水渗入土壤；沟施、穴施即在行间或株间离作物根系一定距离开沟或打穴，把肥料施入沟内、穴里，之后灌水；冲施即将肥料用水溶化，随水施入。

（二）追肥的基本原则

1. 根据蔬菜种类追肥　绿叶菜类追肥以速效氮肥为主；根菜类、薯蓣类强调施用钾肥；果菜类注重氮、磷、钾配合使用。

2. 根据生育时期追肥　苗期一般不用追肥，缺肥时可叶面喷肥；产品器官形成期是追肥的关键时期，一般需进行 2 ~ 3 次追肥。

3. 根据土壤条件追肥　沙性土壤追肥应少量多次；黏性土壤应多施有机肥，少施化肥；土质肥沃、基肥充足时，少追肥。

4. 根据气候条件追肥　适于蔬菜生长的季节，可多追肥；高温、低温、干旱季节，应少追肥；雨季追肥应少量多次。

5. 根据肥料特性追肥　人粪尿必须腐熟后追施，一般顺水浇施；追施微量元素肥料一般采用叶面喷肥。

6. 根据植株缺素症状追肥　蔬菜缺氮，植株矮小，生长缓慢，叶子淡绿色；蔬菜缺磷时，根系弱小，茎细，叶色暗绿，叶背紫红色；蔬菜缺钾时，叶缘变褐、卷曲甚至枯焦，下部叶片灰绿至黄褐色。

六、作业与思考

1. 为什么相对于其他蔬菜，绿叶菜类蔬菜更要注意氮肥的施用？

2. 使用化学肥料时，如何才能减轻土壤盐渍化程度？

项目38　二氧化碳施肥

一、目的与意义

设施栽培过程中，进行 CO_2 气体施肥是实现高产、优质的重要措施之一。增施 CO_2 有利于培育壮苗，促进植物生长发育，增加产量改善品质，还可提高蔬菜抗病能力。不同蔬菜的 CO_2 补偿点、饱和点和最适浓度不同。C_4 植物的 CO_2 补偿点接近 0，C_3 植物的 CO_2 补偿点为 30 ~ 90 μl/L，多数蔬菜的饱和点为 1 000 ~ 2 000 μl /L，最适 CO_2 浓度一般为 600 ~ 800 μl /L。而空气中 CO_2 浓度一般为 300 μl/L 左右，明显低于蔬菜 CO_2 饱和点，特别是在相对密闭的设施内，CO_2 浓度比外界还要低。日出后蔬菜进行旺盛的光合作用，会使 CO_2 浓度急剧降低，造成 CO_2 亏缺。因此，设施内增施 CO_2，以保持适宜浓度，尤为重要。

增加设施内 CO_2 浓度的方法很多，有通风换气法、土壤增施有机肥法、深施碳酸氢铵（或施固体 CO_2 颗粒肥）、生物生态法、燃烧碳氢燃料法、液态（钢瓶装）CO_2 法、化学反应法等。其中化学反应法是目前设施内增加 CO_2 浓度的主要方式。

本项目旨在使学生了解化学反应法二氧化碳施肥的基本原理，并掌握相关技术。

二、任务与要求

练习碳酸氢铵与稀硫酸反应进行二氧化碳施肥的操作技术，填写表格，记录施肥后的效果。

三、材料与用具

1. 材料　黄瓜、茄子、番茄等果菜类生产温室或塑料大棚 1 栋。

2. 用具 红外 CO_2 分析仪（1台）或光合测定系统，塑料桶（34个）或广口玻璃罐头瓶。

3. 药品 碳酸氢铵（NH_4HCO_3）、浓硫酸（98%H_2SO_4）。

四、内容与步骤

（一）了解实验原理

利用酸与碳酸氢铵反应生成水和 CO_2 的原理，增加设施内 CO_2 浓度。反应式为：

$$2NH_4HCO_3+H_2SO_4=(NH_4)_2SO_4+2H_2O+2CO_2\uparrow$$

环境中 CO_2 浓度可采用红外 CO_2 分析仪测定，其原理为：凡由不同原子组成的气体分子都有吸收红外线辐射能的作用。不同气体有不同的吸收波长。吸收强度与气体的浓度有关，即：红外线通过这些气体后，其辐射能就会损失一些，在一定范围内，能量损失的多少与气体的浓度有关。这种由被测气体引起的能量变化可由探测器定量测定，然后经电路系统放大，由仪表显示出来。

红外光源发出的红外线分别均匀地通过测定室和参比室进入探测器，给参比室通氮气，使该室保持无 CO_2 环境；当待测气体流经测定室时，通过测定室的红外线被待测气体吸收一部分，致使到达探测器的红外线较参比室弱。探测器测到这一差异后，经处理即可由仪表显示出来。

（二）稀释浓H_2SO_4

按要求（表38-1）取适量 H_2SO_4，按硫酸：水＝1 ：4 的比例进行稀释。稀释时一定要将 H_2SO_4 慢慢倒入水中，且边倒边搅拌。稀释后的硫酸倒入34个塑料桶中。

表38-1 666.7m²标准棚室增施二氧化碳用料对照表

方案	产物及反应物	产生量或需用量				
增加量	二氧化碳（μl/L）	100	250	550	750	1 000
达到量	二氧化碳（μl/L）	400	550	850	1 050	1 300
方案一	硫酸（浓）（kg）	0.275	0.685	1.480	2.040	2.750
	碳酸氢氨（kg）	0.465	1 .165	2.515	3.470	4.650
方案二	盐酸（浓）（kg）	0.540	1 .345	2.915	4.015	5.400
	碳酸氢钠（kg）	0.465	1 .160	2.505	3.455	4.650
方案三	盐酸（浓）（kg）	1 .075	2.690	5.825	8.020	10.75
	碳酸钙（90%）（kg）	0.605	1.520	1 .860	4.530	6.050

（三）田间施肥

将盛有稀硫酸的容器吊挂在离地面1.2m的高度，每 $20m^2$ 设一施放点。预先将每日所用碳酸氢铵等分34份，揭苫后2h分别加入到盛稀硫酸的容器中，使 H_2SO_4 和 NH_4HCO_3 发生反应生成 CO_2。

（四）浓度监测

施放前测定一次原始浓度，以后每0.5h用红外线 CO_2 分析仪测定环境中 CO_2 浓度及光合速率。

五、问题与拓展

1. 其他方法　除上述方法外，还可用 $NaHCO_3$ 加 H_2SO_4 反应生成 CO_2，反应原理是：

$$2NaHCO_3+H_2SO_4=Na_2SO_4+2H_2O+2CO_2\uparrow$$

或用石灰石（$CaCO_3$）加盐酸反应制备，反应原理是：

$$CaCO_3+2HCl=CaCl_2+H_2O+CO_2\uparrow$$

使用盐酸时按 1 ：1 对水稀释，随用随配，以免挥发，并将石灰石砸成碎块，放入盛有盐酸的容器中，反应剩余物要倒在棚室外部。

2. 施肥时间　于晴天进行，一天之内，施用时间要根据光合作用进程而定。在设施内一般光照强度达到 1 500lx 时，蔬菜开始光合活动，达到 5 000lx 时，光合强度增加，室内 CO_2 浓度下降，这时即为开始施用 CO_2 的时间。晴天一般在揭开草苫等不透明覆盖物后 30min，如果施入有机肥较多，可在日出后 1 ~ 1.5h 施用 CO_2。停止施用 CO_2 的时间依温度管理而定，一般应在换气前 30min 停止施用。上午同化 CO_2 能力强，可多施或浓度大一些；下午同化能力弱，可少施或不施。

3. 施放次数　受设施气温影响，超过 32℃停止施放，停放 0.5h 后进行放风。

4. 施肥时期　蔬菜整个生育期尤以初期施用 CO_2 效果较好。苗期占地面积小，育苗集中，施用 CO_2 设施简单，施用后对培育壮苗、缩短苗龄等都有良好效果。生长期施用，通常从定植 1 周后植株已经缓苗时就可开始。但实际生产中，对于黄瓜、番茄、茄子等果菜类蔬菜，通常在开花期、结果初期施用，可促进果实肥大；若在开花结果前过多、过早施用 CO_2，只能促使茎叶繁殖，对果实经济产量并无显著提高。

六、作业与思考

1. 简述设施蔬菜生产中 CO_2 化学反应法施肥的关键技术环节。
2. 按表 38-2 逐项记载综合分析施用 CO_2 对果菜类蔬菜生长发育的影响。

表38-2　施用CO_2对蔬菜生长发育的影响

处　理	施用时间	CO_2浓度	棚室温度	空气湿度	光照强度	光合速率	株　高	叶　重	开花坐果率
对照温室									
施肥温室									

项目39　制作畦下秸秆反应堆

一、目的与意义

设施栽培有四大难题，地温偏低、二氧化碳亏缺、病虫害严重、土壤板结。有报道称，应用秸秆生物反应堆技术，冬天 20cm 地温可增加 4 ~ 6℃，二氧化碳浓度提高 4 ~ 6 倍，减少化肥用量 30%，减少农药用量 20%，成本降低 30% 以上，平均增产约 20% 以上，成熟期提前 15d，收获期延长 30d，土壤结构会得到很大改善。

二、任务与要求

每组按要求制作一个长 8m 的秸秆反应堆，规格如图 39-1 所示。

三、材料与用具

菌肥、麦麸、玉米秸秆及铁锨、平耙等相关农具。

四、内容与步骤

1. *施肥* 提前在温室地面普施有机肥，方法是先将有机肥撒于温室地面，然后用小型旋耕机翻耕，使肥土混匀。建造温室时，在温室靠近道路的一端，可以将两个拱架做成活动的，可以拆卸，以便小型农用机械进入温室，从而降低劳动强度。

2. *挖沟* 在预定的栽培行上定位放线，按线挖沟，沟宽 50cm，间距 90cm，深 20 ~ 25cm（图 39–2）。

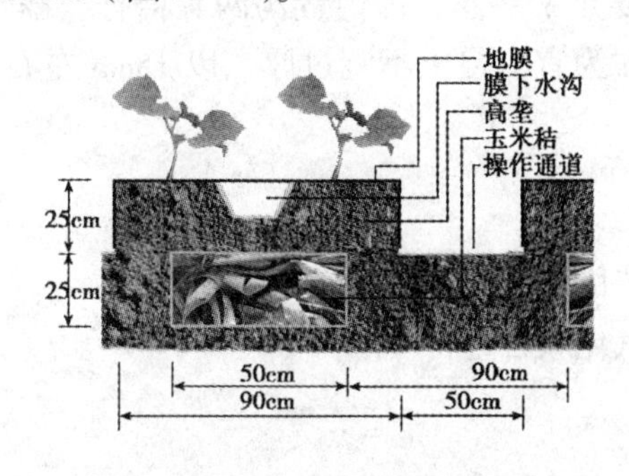

图39–1 秸秆反应堆结构图

图39–2 挖沟

3. *堆放玉米秸* 将成捆的玉米秸顺行放入沟中，玉米秸捆的直径约 30cm，每两捆或多捆并排摆放，用脚踩踏，适度压实，与沟口原来的地面平齐（图 39–3）。

4. *撒菌肥* 玉米秸上撒菌肥，1kg 菌肥掺入 30kg 麦麸，每沟需纯菌肥 150g。用铁锨敲击、拍打玉米秸，使混有麦麸的菌肥进入玉米秸秆间隙。

5. *覆盖* 从沟两侧取土，覆盖玉米秸，覆土厚度约 10cm，然后用脚踩踏。

6. *浇水* 顺沟灌水，水要浇透，让玉米秸秆充分吸水。

7. *做双高垄* 水渗下后，再从沟两侧取土，将所有从沟中挖出的土壤堆到玉米秸上，形成高畦。畦高 20 ~ 25cm，宽 90cm。在高畦中央开沟，堆成双高垄上，其上覆盖地膜，定植两行瓜类、茄果类蔬菜，行距 50cm，株距 30cm（图 39–4）。

图39–3 堆放玉米秸秆

图39–4 秸秆反应堆上定植蔬菜

五、问题与拓展

1. 行间内置式秸秆反应堆　除了前述的秸秆反应堆外，还有一种行内式反应堆，建造方法是在定植后的大行间起土 15 ~ 20cm，放秸秆后踏实填平，厚度为 30cm，沟的两头各露出 10cm 的秸秆，再按每沟所需菌种量均匀撒在秸秆上，用铁锹拍振一遍，将起出的土回填在秸秆上，然后浇小水湿润秸秆，行间内置式反应堆只浇这 1 次小水，以后浇水在小行间进行。待 6 ~ 7d 后，盖地膜打孔，打孔用 14 号钢筋按 20cm 孔距进行，孔深以穿透秸秆层为度。

2. 建造秸秆反应堆的注意事项　应用生物反应堆须注意“三足一露三不宜”。三足，即秸秆用量要足，菌种用量要足，第一次浇水要足；一露，即内置沟两头秸秆要露出茬头 10cm；三不宜，即开沟不宜过深，以 15 ~ 20cm 为宜；覆土不宜过厚，以 15cm 左右为宜；打孔不宜过晚，定植后及时打孔。

六、作业与思考

1. 为什么应用秸秆反应堆技术可以获得高产优质的栽培效果?

2. 为什么使用秸秆反应堆能增加设施中二氧化碳含量?

项目40　黄瓜植株调整

一、目的与意义

植株调整是日光温室黄瓜栽培的关键技术之一。本项目旨在让学生通过实践，掌握黄瓜吊蔓、盘蔓、摘除卷须等植株调整技术。

二、任务与要求

在教师指导下，每人完成日光温室一个栽培行的黄瓜的植株调整操作。

三、材料与用具

1. 材料　日光温室栽培黄瓜植株。

2. 用具　胶丝绳，8 号和 10 号铁丝，钢丝（由钢丝绳拆解而成），剪枝钳等。

四、内容与步骤

1. 吊蔓　设施黄瓜通常不像露地黄瓜那样采用竹竿支架，而是采用吊架（图 40–1）。在缓苗后的蹲苗期间应及时吊蔓，方法是在每条栽培行上方沿行向拉一道钢丝，钢丝不易生锈，而且有自然的螺旋，可以防止吊绳滑动。钢丝的南端可以直接绑在温室前屋面下的拉杆上。在温室北部后屋面下面，东西向拉一道 8 号铅丝，把栽培畦上的钢丝北端绑在这道铅丝上（图 40–2）。

钢丝上绑胶丝绳，每棵黄瓜对应 1 根。胶丝绳下端的固定方法有多种。实践表明，最好的方法是在贴近栽培行地面的位置沿行向再拉一道胶丝绳，与栽培行等长，两端绑在木橛上，插入地下，每个吊线都绑在这条贴近地面的拉线上。用手绕黄瓜茎蔓，使之顺吊线攀缘而上，称作“绕蔓”。所有植株缠绕方向应一致。黄瓜植株生长速度快，每隔几天要绕蔓 1 次，否则“龙头”会下垂。

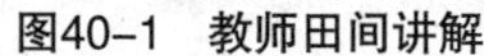

图40-1 教师田间讲解

图40-2 日光温室黄瓜植株吊蔓效果

还有一种固定方法是把吊线绑在黄瓜茎基部，注意田间操作时不要将黄瓜连根拔起，而且捆绑时要注意不能帮得太紧。也可将每根尼龙吊线的下端绑在一段小木棍（如一次性木筷子）上，然后将木棍插在定植穴内。

2. 打杈 设施黄瓜多采用单干整枝方法，利用主蔓结瓜，所有侧枝要全部摘除，只有在栽培后期，拉秧之前，才可能利用下部侧枝结少量的“回头瓜”。

3. 摘叶 摘除植株下部老叶，摘叶时要从叶柄基部将老叶掐去，所留叶柄不宜过长，因为留下的叶柄容易成为病菌的寄居场所和侵染入口，增高发病机率（图 40-3）。之所以摘叶，是因为随植株生长，下部叶片逐渐老化，且处于弱光环境下，光合能力降低，消耗量增加，成为植株的负担；老叶的存在还导致了植株郁闭，田间通风透光性变差；同时，由于这部分老叶与土壤接近，而土壤又是多种病菌的寄存场所，老叶的存在容易引发病害。

4. 摘除卷须 摘除黄瓜植株上所有的卷须，从卷须基部用手掐断，收集起来，带出温室处理（图 40-4）。如果田间有感染病毒病的植株，则应先对健康植株进行操作，然后再处理病株，不要将病株带毒汁液传到健康植株上，对带病植株进行操作后要用肥皂水洗手。之所以摘除卷须，是因为卷须的作用是攀援，在设施栽培环境下，没有必要利用卷须的攀援作用，保留卷须徒增养分消耗。

图40-3 摘除老叶

图40-4 摘除卷须

5. 绕蔓　绕蔓就是将黄瓜主蔓缠绕在尼龙吊线上，操作时一手捏住吊线，一手抓住黄瓜主蔓，按顺时针方向缠绕（图 40–5）。黄瓜生长速度快，隔几天就要绕蔓一次，否则黄瓜龙头就会下垂。

6. 落蔓与盘蔓　黄瓜植株生长速度快，生长点很容易到达吊绳上端，为能连续结瓜，应在摘叶后落蔓。落蔓时，先将绑在植株基部的吊线解开，一手捏住黄瓜的茎蔓，另一只手从植株顶端位置向上拉吊线，因为吊线是松开的，很容易被拉起。也就是说，要向上拉线，而不是向下拉蔓（图 40–6）。让摘除了下部叶片的黄瓜植株下部茎蔓盘绕在地面上，然后再把吊线下端绑在原来的位置，这样，植株的生长点位置就降下来了，黄瓜就又有了生长的空间（图 40–7）。

经验表明，整个植株地上部分保留 16 ~ 17 片叶最为适宜。多于这一数量就应摘叶落蔓。叶片过多植株郁闭，叶片过少光合面积小不利于高产优质。不能为减少落蔓次数，每次都落得很多（图 40–8）。

图40–5　绕蔓

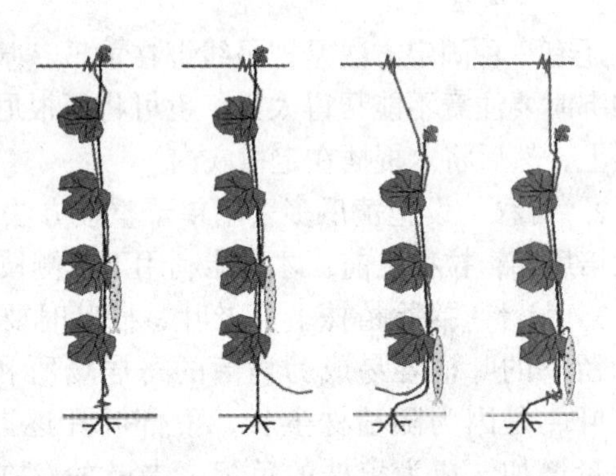

图40–6　落蔓方法示意图

图40–7　盘蔓

图40–8　落蔓过多

落蔓后，植株下部的没有叶片的茎盘曲在地面上，对这一段茎也要进行保护，灰霉病、蔓枯病的病菌很容易从叶柄基部（节）的位置侵染，因此在喷药时同样也要喷，如果发现节部染病，可以用毛笔蘸浓药水涂抹。

五、问题与拓展

查阅黄瓜支架的相关资料。

六、作业与思考

1. 分析植株调整对日光温室黄瓜丰产的重要性。

2. 为什么设施黄瓜通常采用单蔓整枝？

项目41 番茄植株调整

一、目的与意义

植株调整是调节蔬菜营养生长、生殖生长，并协调其相互关系的技术，通过植株调整，可以减少相互遮光，促进通风，减少病害，并使植株分布更便于田间操作。本项目旨在使学生以番茄为例，掌握茄果类蔬菜的整枝、搭架、绕蔓等操作技术。

二、任务与要求

每个小组管理两畦番茄，分别搭建吊架和支架，吊架植株进行单干整枝，支架植株进行双干或改良单干整枝。

三、材料与用具

1. 材料 日光温室栽培的番茄植株。

2. 用具 胶丝绳、聚酯纤维丝、钢丝、竹竿、剪枝钳等。

四、内容与步骤

（一）搭架

1. 建造吊架 用胶丝绳做吊绳，在每个栽培畦上方沿栽培畦走向拉一道钢丝，南端绑在拉杆上。为坚固起见，最好埋设立柱，在立柱上东西向拉一道 8 号铁丝。在温室北部东西向拉一道铁丝，栽培畦上的钢丝北端可绑在这道铁丝上（图 41–1）。钢丝上绑胶丝绳，每棵番茄一根。胶丝绳下端可绑在番茄植株基部。也可在畦面沿行向拉一道固定胶丝绳用的拉线，将胶丝绳绑于其上（图 41–2）。

图41–1 固定上部铁丝

图41–2 底部固定绳

2. 建造支架

（1）建造篱架 选择竹竿或木杆，长度依据番茄植株高度而定，无限生长型番茄且栽培期较长者支架要高些。在栽培行上每一株番茄基部外侧竖直插一根竹竿或木杆，顶部用铁丝或尼龙绳连接，以防倒伏。番茄多采用单干整枝方式，植株依附竹竿或木杆向上生长，每隔一段时间要进行绑缚。

（2）建造人字架　选双高垄或平畦双行的栽培番茄，分别在两行番茄的植株外侧插竹竿，两个竹竿为一组，顶端绑在一起，呈“人”字形，顶部用一根平直的竹竿将各个“人”字支架连接成一体（图 41–3）。

（3）建造三角架（四角架）　选双高垄或平畦双行栽培 3 有限生长型番茄或栽培期较短番茄，选用竹竿或其他材料，插在植株基部外侧的土壤中，相邻的 3 根或 4 根为一组，顶部绑缚在一起，呈锥形。这种架比较坚固，很抗风（图 41–4）。

图41–3　人字架

图41–4　三角架

（二）整枝

1. 单干整枝　只留主枝，而把所有的侧枝陆续全部摘除，可留 4 ~ 8 穗果后摘心，也可不摘心，不断落蔓。这种整枝方式单株结果数减少，但果型增大，早熟性好，前期产量高，适合温室、大棚各茬采用，尤其适宜留果少的早熟密植无限生长类型品种，也适合多穗留果、生长期长的温室越冬茬无限生长型番茄品种（图 41–5）。

2. 双干整枝　除主干外，再留第一花序下生长出来的第一侧枝，而把其他侧枝全部摘除，让选留的侧枝和主枝同时生长。这种整枝方式可以增加单株结果数，提高单株产量，但早期产量以及单果重量均不及单干整枝（图 41–6）。

3. 改良单干整枝　除主枝外，保留主茎第一花序下方的第一侧枝，留一穗果，其上留两片叶摘心，其余侧枝全部摘除。用这种方式整枝植株发育好，叶面积大，坐果率高，果实发育快，商品性状好，平均单果重量大，前期产量比单干整枝高（图 41–7）。

（三）摘叶

摘除植株下部老叶，使植株最下部的叶片距离地面至少 20cm 的距离。摘叶时应尽量在靠近枝干部位上切断叶片，不要留叶柄，果穗上的叶片不可摘除，以保证上层果实发育良好。之所以摘叶，是因为随植株生长，下部叶片逐渐老化，且处于弱光环境下，光合能力降低，消耗量增加，成为植株的负担；老叶的存在还导致了植株郁闭，田间通风透光性变差；同时，由于这部分老叶与土壤接近，而土壤又是多种病菌的寄存场所（图 41–8、图 41–9）。

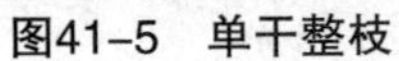

图41-5 单干整枝

图41-6 双干整枝

图41-7 改良单干整枝

图41-8 摘叶

图41-9 摘叶后番茄田间状态

（四）绕蔓与落蔓

1. 绕蔓　通过缠绕让番茄的茎依附吊架攀援生长称作绕蔓。方法是，一手捏住吊线，一手抓住番茄茎蔓，按顺时针方向缠绕。操作时要注意，如果田间有感染病毒病的植株，则应先对健康植株进行操作，然后再处理病株，以防把病株的带病毒汁液传到健康植株上，田间操作后还要用肥皂水洗手消毒。

2. 落蔓

（1）盘蔓　操作时，先将绑在植株茎基部的吊线解开，一手捏住番茄的茎蔓，另一只手从植株顶端位置向上拉吊线，因为吊线是松开的，很容易被拉起来。让摘除了叶片的番茄植株下部茎蔓盘绕在地面上，然后再把吊线下端绑在原来的位置，这样，生长点的位置就降低了。操作时注意不要折断茎蔓。由于下部茎蔓是盘曲的，称“盘蔓”。落蔓不仅给番茄提供了继续生长的空间，也能抑制长势，促进坐果（图 41-10）。

图41-10 盘蔓

（2）平铺落蔓　放松吊绳顶端，直接将下部茎蔓平放在栽培行上，植株前端总保持一定的长度吊在尼龙绳上（图 41-11）。

（五）打杈与摘心

1. 打杈　依据预定整枝形式，摘除影响基本枝茎叶及果实透光性的、长达 15cm 以上的侧枝。打杈过早，会影响根系发育，抑制植株的正常生长；过晚则消耗养分、影响坐果及果实发育。打杈时，要注意手和剪枝工具的消毒处理，以免传染病害。当发现有病毒病株时，应先进行无病株的整枝打杈，后进行病株的整理，尤其要注意对手和工具用 75% 的酒精溶液消毒。打杈都要在晴天进行，以利伤口愈合，防止病菌乘虚而入，引起病害。

图41-11　平铺落蔓

2. 摘心　当植株长到一定高度时，结果穗数达到预定值，植株生长接近栽培后期时，将其顶端摘除称为摘心。摘心可减少养分的消耗，使养分集中到果实上。注意摘心时间，根据植株生长势和季节而定，如植株生长健旺的可适当延迟摘心，而植株生长瘦弱可提早摘心。摘心时，顶端花序上应留 1 ~ 2 片叶。

五、问题与拓展

介绍一种绕线器,这是由一根铁丝弯折成“几”字形装置,长长的吊线缠绕在绕线器上(图 41-12)。绕线器悬吊在栽培畦上面的拉线上，如果是钢筋、钢管拱架的温室，也可以直接悬吊在拱架上。在栽培畦表面沿畦走向再拉一道线，线两端绑在木橛上，尼龙吊线的下端绑在此线上，而后，将每株番茄的茎蔓缠绕在吊线上。当然，吊线下端也可以绑在植株茎基部或一根木橛上,或固定于与畦面平行的线上。落蔓时,直接松开吊线器,放开缠绕的吊线即可(图 41-13)。

图41-12　绕线器

图41-13　使用绕线器的日光温室番茄

六、作业与思考

1. 分析露地、塑料大棚、日光温室等不同栽培场所以及栽培目标，如何选择适宜的整枝方式。

2. 为什么摘心时顶部一穗果实之上要保留 2 片叶？

项目42　保花保果

一、目的与意义

植物生长调节剂的应用是蔬菜作物高产稳产的重要技术措施之一。茄果类蔬菜，如番茄，其花授粉方式为自花授粉，在露地，正常条件下不需进行生长调节剂处理。但在低温季节进行设施栽培时，气温偏低，光照不足，植株长势弱，授粉受精不良，果实内不能形成足够的种子，而种子的一种主要作用是分泌生长素，征调养分前往果实，使果实发育、膨大。这样，低温季节番茄植株往往会出现落花落果现象。瓜类蔬菜，如黄瓜，具有单性结实能力，虽然不需要授粉形成种子促进坐瓜，但在恶劣环境下，容易出现化瓜现象。因此，都需要使用生长调节剂辅助其坐果。

通过实践，可使学生掌握保花保果类药剂在蔬菜上的应用方法。

二、任务与要求

了解2,4–D、防落素、CPPU等保花保果药剂的特点，掌握这些药剂的配制技术，掌握喷花、蘸花和浸蘸果实的操作方法。

三、材料与用具

番茄（开花期）植株，黄瓜结果期植株；2,4–D低浓度针剂瓶装药液、防落素、CPPU、PCPA等。

四、内容与步骤

（一）番茄保花保果

1. 用2,4–D处理番茄

（1）配制溶液　适宜的2,4–D浓度为10 ~ 20mg/L。高温季节采用浓度低限，低温季节采用浓度高限。浓度偏高，涂抹花梗后，在涂抹处会出现褪绿斑痕，即通常所说的“烧花”，这些花大多会过早脱落。

在配制好的2,4–D药液中，要加入红墨水、广告色等指示剂，以便在处理过的花上留下标记，避免对同一朵花重复处理。否则，会因花上的2,4–D药量过大而发生“烧花”。

（2）选择花朵　选开放前后各1d的花，花蕾过小，耐药性较差，容易烧伤花蕾；处理过晚，花已开放多时，保花效果不理想。

（3）涂抹花梗　用毛笔蘸药液，在花柄的弯曲处轻轻涂抹一下，也可涂抹在花朵的柱头上。要一朵、一朵地涂抹（图42–1）。如果2,4–D浓度过高，或重复抹花，或不管什么时期均采用相同的浓度，而不是随着温度的升高而相应降低浓度，处理后容易引起果实出现尖顶，形成桃形果。

（4）蘸花　把开放的花轻轻摁入2，4–D药液中，让整个花朵均匀地蘸上2，4–D药液（图42–2）。此法不如涂抹花梗法好。由于花上药液过多，容易出现桃形果。在处理过程中，如果2，4–D滴到嫩枝或嫩叶上，叶片会向下弯曲，僵硬细长，小叶不能展开，纵向皱缩，叶缘扭曲畸形。受害茎蔓凸起，颜色变浅。

图42-1　涂抹花梗

图42-2　蘸花

2. *用防落素处理番茄*　防落素(对氯苯氧乙酸),别名番茄灵,是2,4-D的替代品。与2,4-D相比，防落素处理后产生的畸形果较少。配制浓度为25～30mg/L防落素溶液，低温下浓度宜高,高温下浓度宜低。选有2～3朵花开放的花序,左手托住番茄花,右手持喷雾器喷花(图42-3)。药液中掺入红墨水或水粉颜料，不要重复喷花（图42-4)。

图42-3　喷花

图42-4　花上留下标记物避免重复喷药

（二）黄瓜保花保果

1. *配制药液*　不同药剂要求的浓度不同，CPPU的处理浓度是5～10mg/L，BR的处理浓度是0.01mg/L，PCPA浓度是100mg/L。

2. *浸蘸瓜胎*　在阴天或晴天早晚无露水时处理，避免强光时段或中午高温时使用，应即配即用。选刚开放或2～3d后开放的雌花，用对好药液浸瓜胎。要求从花到瓜柄全部浸泡3～4s。瓜胎受药一定要均匀，最好一株每次浸泡一个瓜胎。没开花时浸泡，鲜花能保持较长时间。浸蘸后弹一下瓜胎，把瓜胎上多余药液弹掉，如果没有这个操作步骤，且药剂浓度偏高，药量大，容易形成大花头，逐渐形成多头瓜，后期形成大肚瓜，有些导致子房发育异常，瓜纽偏扁，后期可能形成畸形的双体瓜。

五、问题与拓展

1. *提高坐瓜率的药剂*　喷乙烯利的作用是让植株出现大量雌花，但要让出现的雌花坐住,还需要采取很多措施,使用某些植物生长调节剂喷花或浸蘸瓜胎就是保证幼瓜坐住、连续刺激果实生长、防止化瓜的主要措施之一。常用的生长调节剂有6-BA（植物细胞分裂素）、GA（赤霉素）、BR（芸薹素内脂）、PCPA（防落素，对氯苯氧乙酸）、CPPU［苯脲型细胞分裂素，N-（2- 氯 -4- 吡啶基）-N′ - 苯基脲］等。还可以按一定的配方进行植物生长调节剂的混合处理。CPPU 的处理浓度是 5 ～ 10mg/L，BR 的处理浓度是 0.01mg/L，PCPA 浓度是 100mg/L。除使用单一药剂外，也可以多种药剂混用，例如 100mg/L 的 PCPA+25mg/L 的 GA；500 ～ 1 000mg/L 的 6-BA+100 ～ 500mg/L 的 GA，效果更好。

2. 关于 2,4-D　该药别名 2,4 滴，化学名称为 2,4- 二氯苯氧乙酸。2,4-D 在低浓度时能刺激植物生长，防止落花，在高浓度时则抑制生长，常用作麦田除草剂，所以，使用时要特别注意浓度。2,4-D 的保花保果的效果很好，不足之处是容易出现药害。所以，人们对它的态度不一。市场上出售的 2,4-D 多为 0.5%的 2,4-D 水溶液。

六、作业与思考

1. 思考生长调节剂保花保果作用的机理。
2. 查阅资料，探讨无公害蔬菜生产与用药剂处理保花保果的关系。

项目43　黄瓜乙烯利促雌

一、目的与意义

黄瓜是雌雄同株异花植物，其花虽有雌花和雄花之别，但在其开始分化的初期却是中性花，即具有雌蕊和雄蕊两种性别原基，在发育过程中受环境条件等因素的影响而发生转化。当黄瓜幼苗在第一片真叶初展时，花芽已进行分化，但雌雄性别还没确定，在这期间使用乙烯利，能改变黄瓜花芽分化的性型，使花原始体向雌花方向转化，这样就增加了黄瓜的雌花数，减少了雄花数。

乙烯利诱导黄瓜雌花发生，是增加黄瓜产量的先决条件，特别是增加前期产量的效果更为明显。这对提早上市、均衡供应和增加经济效益都具有重要意义。另外，乙烯利能大量去雄，甚至在一定节位内不发生雄花，这又为黄瓜制种简化手续、节约劳力提供了极好的条件。秋冬茬黄瓜生长前期，由于环境温度偏高，植株下部雌花很少，甚至有时植株上只有大量雄花而没有雌花，这种情况下可以喷乙烯利，喷药时要注意掌握喷施时间和浓度。

通过本项目，旨在使学生了解乙烯利的促雌原理，掌握苗期黄瓜乙烯利处理的正确方法，探索适宜的处理浓度。

二、任务与要求

每人处理 3 株黄瓜幼苗，随植株生长，观察处理后黄瓜单节雌花数，并与对照植株进行比较。

三、材料与用具

1. 材料　二叶一心期黄瓜幼苗。
2. 用具　40% 乙烯利水剂，手持式喷壶。

四、内容与步骤

（一）配制溶液

自行计算 40% 乙烯利水剂和水的用量，用 40% 的乙烯利水剂配制浓度为 130 ～ 150mg/L 乙烯利溶液。也可依据经验数值，直接按 1ml 的 40% 乙烯利水剂对水 4 ～ 5L 配制乙烯利溶液。浓度过低诱导雌花发生的效果不明显，浓度过高会对黄瓜生长产生过度抑制作用，雌花过多，反会影响产量。不同黄瓜品种对乙烯利浓度的反应有差异。pH 值尽量调至 4，但因酸度下降，稳定性变差。要随配随用，不宜配好后放置过久。

（二）喷药处理

晴天 16 时后进行药剂处理，选二叶一心期黄瓜幼苗，把配制好的药液均匀喷在黄瓜叶片和生长点上，力求雾滴细微。7d 后，再喷 1 次。喷药时，喷头扫过幼苗即可，不要重复喷雾。乙烯利用药量大或间隔时间短时，会导致黄瓜植株上部各节出现大量簇生雌花（图 43–1、图 43–2）。雌花过多且同时发育，会相互竞争养分，虽然雌花多，但能坐住的瓜有时反而更少。处理后每天到实验站观察，及时疏花，每节只保留 1 个雌花（个别两朵），摘除多余雌花和所有雄花。

图43–1　未使用乙烯利处理的植株

图43–2　乙烯利过量导致雌花过多

（三）浇水施肥

疏花之后，每 666.7m^2 追施氮磷钾（15 ： 15 ： 15）复合肥 30kg。配合叶面喷肥，用 0.2% 磷酸二氢钾加 0.2% 尿素混合液喷雾 2 ～ 3 次。这是因为黄瓜喷施乙烯利后，雌花增多，几乎节节有雌花，但要使幼瓜坐住并正常发育，必须加强肥水管理。

五、问题与拓展

喷施乙烯利是促进黄瓜植株形成大量雌花的重要手段，但这些雌花是否能坐瓜还要看水肥管理及环境因素。生产中，我们不提倡使用植物生长调节剂促进黄瓜形成大量雌花，因为植株坐瓜的数量取决与自身的能力，强行形成大量雌花往往会打破植株营养生长与生殖生长的平衡，不利于持续均衡结瓜。

六、作业与思考

1. 对乙烯利处理后的黄瓜植株进行管理，并连续观察，记录乙烯利使用效果。
2. 分析影响适宜乙烯利处理浓度的因素。

项目44　日光温室光温环境调控

一、目的与意义

低温季节设施中栽培的黄瓜、番茄等喜温蔬菜，对温度、光照环境要求严格，只有环境适宜才能达到高产的目的。随着温室建造技术的改进和气候变暖等原因，目前至少在北纬41° 及其以南地区，要建造在严冬季节不用炉火加温而能生产喜温蔬菜的温室是完全可以做到的，这些温室的最低温度都在 7 ~ 8℃，但是会遇到极冷年份，或连续阴天，或寒流等不利气候条件，通过环境调控，可最大限度的改善设施小气候，提高蔬菜品质和产量。

二、任务与要求

掌握红外灯安装方法，育苗温室内小拱棚搭建和薄膜覆盖方法，温室内二层幕覆盖方法，温室前屋面薄膜擦洗技术以及反光膜悬吊技术。

三、材料与用具

红外灯，电线及电工工具，反光膜，长柄拖布。

四、内容与步骤

（一）温度调控

1. 确定指标　日光温室黄瓜结果的管理指标为，上午温度控制应在 28 ~ 30℃，达到32℃时开始扒开放风口；下午适时关闭放风口，温度通常控制在 20 ~ 22℃，当温度降至20℃时放下草苫，不能等到日落时再放草苫；前半夜温度控制在 15 ~ 18℃，后半夜控制在11 ~ 13℃，清晨最低温度不应低于 8℃。

日光温室番茄结果期的温度管理指标为，白天最高温可控制在 25 ~ 26℃，前半夜 15℃以上，后半夜 10 ~ 13℃，控制地上部生长，促进根系深扎，保持室内最低温度不低于 8℃，偶尔短时间 6 ~ 8℃植株也可以忍受。

2. 提高温度

（1）灯光增温　在日光温室后墙内侧，每隔 5 ~ 7m 安装一盏 200 ~ 250W 的红外灯，在低温时段进行临时增温，同时还能起到补光作用，并能减轻叶面结露，预防病害发生（图44–1、图 44–2）。

图44–1　红外灯

图44–2　利用红外灯加温

（2）多层覆盖　低温季节育苗，可以在苗床上搭建小拱棚。如果温度仍然偏低，还可以在小拱棚上覆盖草苫。在蔬菜生长期间，也可以在温室内侧，前屋面薄膜下方，拉铁丝，其上覆盖薄膜，进行多层覆盖，提高温度（图 44–3、图 44–4）。

图44–3　苗床上搭建拱棚

图44–4　蔬菜生长期间的二层覆盖

3. 通风降温　设施降温，主要通过通风来实现。外界气温较高时，比如在日光温室秋冬茬蔬菜定植初期，外界气温尚高，需要进行大通风，可以从底部揭开温室前屋面薄膜（图 44–5）。而在低温季节，通风则以顶部风口为主（图 44–6）。

图44–5　温室前沿通风

图44–6　利用顶部风口通风

（二）光照调控

增光补光。棚室结构合理；选用无滴膜；保持薄膜清洁，张挂反光幕（膜）；早揭晚盖草苫等。

（1）选择薄膜　选用透光性能良好的聚氯乙烯无滴薄膜，要求薄膜透光率高、保温性强、防尘性好（图 44–7）。优质薄膜覆盖的温室在低温期内部空间不会形成迷雾，薄膜内侧也无，即使形成水滴，也能逐渐汇集形成水流顺温室前屋面坡度流入温室前沿的土壤中，而不是直接滴落到蔬菜叶片引发病害（图 44–8）。薄膜要一年一换。

（2）擦洗薄膜　虽然聚氯乙烯薄膜透光性能良好，但容易吸附尘埃，尤其在对于建在公路边、风沙区、工厂附近的温室，这一问题更为严重。因此需要经常擦洗，方法是用长竹竿绑一个拖把，操作者站在温室前沿的地面、后屋面甚至前屋面上，进行擦洗（图 44–9）。

图44-7 优质薄膜透光性好可看到温室内蔬菜

图44-8 劣质薄膜内侧形成大量水滴

（3）张挂反光膜 为提高温室后部光照强度，在温室后墙内侧悬挂铝箔反光膜，此法虽然确实能改善后方植株所处的光照环境，但不利于后墙接受阳光，贮存热量，因此，必须严格掌握悬挂反光膜的季节，应在外界环境气温升高以后再悬挂。如果严冬季节悬挂反光膜，往往会适得其反（图 44-10）。

图44-9 擦洗薄膜

图44-10 后墙内侧悬挂反光膜

（4）回苫遮光 连续阴天后突然转晴，为减少蔬菜水分蒸发，防治蔬菜萎蔫，可以将温室草苫间隔放下，形成“花阴”，降低光照强度，称作“回苫”。

五、问题与拓展

查阅资料，走访菜农，了解本项目没有涉及的光温调控技术。

六、作业与思考

1. 不同薄膜的透光性能有何不同？如何选择低温季节使用的薄膜？
2. 低温季节日光温室通风为什么不能过急？

第四篇　蔬菜保护

项目45　黄瓜主要病害识别与防治

一、目的与意义

黄瓜是设施栽培的主要蔬菜，但与其他蔬菜相比，黄瓜抗病性差，病害种类繁多，症状复杂，因此学会黄瓜病害的田间诊断与方式技术，对从事或指导蔬菜生产具有重要意义。

二、任务与要求

在教师的带领下，到实验站观察露地或设施内黄瓜植株，识别设施黄瓜的主要侵染性病害及生理病害；掌握每种病害的症状特点；通过阅读，初步了解防治药剂。有能力者，可尝试记忆主要防治药剂，做到在未来指导蔬菜生产时，能脱口而出。

三、材料与用具

实验站田间染病蔬菜植株，体视显微镜、放大镜，实验室病害症状挂图、标本等。

四、内容与步骤

（一）侵染性病害

1. 霜霉病

（1）观察病害症状　叶面上产生浅黄色病斑，沿叶脉扩展并受叶脉限制，呈多角形，易与细菌性角斑病混淆。清晨叶面上有结露或吐水时，病斑呈水浸状，叶背病斑处常有水珠，后期病斑变成浅褐色或黄褐色多角形斑（图 45–1）。湿度高时，叶片背面逐渐出现白色霉层，稍后变为灰黑色（图 45–2）。高湿条件下病斑迅速扩展或融合成大斑块，致叶片上卷或干枯，下部叶片全部干枯，有时仅剩下生长点附近几片绿叶。

图45–1　病叶

图45–2　叶背面产生灰黑色霉层

（2）了解发病规律　霜霉病症状多始于近根部的叶片，病菌经风雨或灌溉水传播。病菌萌发和侵入对湿度条件要求高，叶面有水滴或水膜时，病菌才能侵入，相对湿度高于 83% 发病迅速。对温度适应较宽，中温条件（15 ~ 24℃）适其发病，高温对病害有抑制作用。生产上浇水过量或露地栽培时遇中到大雨、地下水位高、株叶密集时易发病。

（3）掌握防治方法　发病初期选用 50% 烯酰吗啉可湿性粉剂 500 倍液，10% 氰霜唑悬乳剂 1 500 倍液，52.5% 恶唑菌酮 · 霜脲水分散粒剂 2 500 倍液，6.25% 恶唑菌酮可湿性粉剂 1 000 倍液，72% 霜脲 · 锰锌可湿性粉剂 800 倍液，58% 甲霜灵 · 锰锌可湿性粉剂 600 倍液，72% 锰锌 · 霜脲可湿性粉剂（克露），69% 安克锰锌可湿性粉剂 600 ~ 800 倍液，50% 嘧菌酯水分散剂 2 000 倍液等药剂喷雾，每 7d 1 次，连续防治 2 ~ 3 次。可选用的用药配方有，12.5% 烯唑醇粉剂 2 000 倍液 +50% 锰锌 · 烯酰可湿性粉剂 800 倍液 +2% 春雷霉素水剂 500 倍液喷雾；12.5% 烯唑醇粉剂 2 000 倍液 +53% 金雷多米尔 600 倍液 +3% 中生菌素 1 000 倍液喷雾；70% 甲基托布津 800 倍液 +50% 烯酰吗啉可湿性粉剂 3 000 倍液 +88% 水合霉素 500 倍液喷雾。每 7 ~ 10d 1 次，连续防治 2 ~ 3 次。

2.　炭疽病

（1）观察病害症状　黄瓜生长中后期发病较重，病叶初期出现水浸状小斑点，后扩大成近圆形病斑，淡褐色，病斑周围有时有黄色晕圈。叶片上的病斑较多时，往往互相汇合成不规则的大斑块。干燥时，病斑中部易破裂穿孔，叶片干枯死亡。后期病斑中部有黑色小点。干燥条件下，病斑中心灰白色，周围有褐色环（图 45-3）。果实染病，从幼瓜即可受害，较大瓜条，在表面形成圆斑，后期具有同心轮纹状排列的小黑点（图 45-4）。

图45-3　黄瓜炭疽病病叶

图45-4　黄瓜炭疽病病果

（2）了解发病规律　病菌以菌丝体、拟菌核随病残体遗落在土壤中越冬，菌丝体也可潜伏在种皮内越冬。翌年春季环境条件适宜时，菌丝体和拟菌核产生大量分生孢子，成为初侵染源。通过种子调运可造成病害的远距离传播。未经消毒的种子播种后，病菌可直接侵染子叶，引发病害。分生孢子借助雨水、灌溉水、农事活动和昆虫传播。发病最适温为 24℃，潜育期 3d。低温、高湿适合发病，温度高于 30℃，相对湿度低于 60%，病势发展缓慢。气温在 22 ~ 24℃，相对湿度 95%以上，叶面有露珠时易发病。

（3）掌握防治方法　发病初期及时喷药，可选用 50%咪鲜胺锰络合物可湿性粉剂 1 000 倍液，10%恶醚唑水分散颗粒剂 800 倍液，30%苯醚唑 · 丙环唑乳油 3 000 倍液，68.75%恶唑菌酮 · 锰锌水分散粒剂 1 000 倍液，65% 多氧霉素（多克菌、多氧清、宝丽安、多克菌、多效霉素、保利霉素、科生霉素）可湿性粉剂 700 倍液，25% 咪酰胺乳油 1 500 倍液，10% 苯醚甲环唑 1 500 倍液，60% 吡唑醚菌酯（百泰）水分散粒剂 500 倍液，50% 醚菌酯干悬浮剂 3 000 倍液，25% 嘧菌酯悬浮剂 500 倍液，30% 苯甲・丙环唑乳油 3 000 倍液，80% 炭疽福美可湿性粉剂 600 倍液等药剂，每 5 ~ 7d 喷药 1 次，连续喷药 2 ~ 3 次。

3. 疫病

（1）观察病害症状　幼苗染病多始于嫩尖，叶片上出现暗绿色病斑，幼苗呈水浸状萎蔫，病斑不规则状，湿度大时很快腐烂。成株染病，生长点及嫩叶边缘萎蔫、坏死、卷曲，病部有白色菌丝，俗称“白毛”。叶片染病产生圆形或不规则形水浸状大病斑，边缘不明显，扩展快，扩展到叶柄时叶片下垂。干燥时呈青白色，湿度大时病部有白色菌丝产生（图 45–5）。严重时，生长点附近幼叶也会发病，导致生长点枯死（图 45–6）。瓜条染病，形成水浸状暗绿色病斑，略凹陷，湿度大时，病部产生灰白色菌丝，菌丝较短，俗称“粉状霉”。病瓜逐渐软腐，有腥臭味。

图45–5　黄瓜疫病病叶

图45–6　黄瓜疫病生长点

（2）了解发病规律　病菌主要以菌丝体、卵孢子及厚垣孢子随病残体在土壤或粪肥中越冬，借风、雨、灌溉水传播蔓延。发病适温为 28 ~ 30℃。土壤水分是影响此病流行程度的重要因素。夏季温度高、雨量大、雨日多的年份疫病容易流行，为害严重。此外，地势低洼、排水不良、连作等易导致发病。设施栽培时，春夏之交，打开温室前部放风口后，容易迅速发病。

（3）掌握防治方法　增施磷钾肥，勿偏施过施氮肥。高畦深沟，雨季注意排涝。选用 52.5% 恶唑菌酮・霜脲水分散粒剂 2 500 倍液，6.25% 恶唑菌酮可湿性粉剂 1 000 倍液，58% 甲霜灵・锰锌可湿性粉剂 600 倍液，64%恶霜・锰锌可湿性粉剂 500 倍液，69%烯酰吗啉可湿性粉剂 500 倍液，10% 氰霜唑悬乳剂 1 500 倍液，72% 锰锌・霜脲可湿性粉剂 600 倍液，70% 锰锌・乙铝可湿性粉剂 500 倍液，25% 烯肟菌酯乳油 1 000 倍液，69% 锰锌・烯酰（安克锰锌、霉克特）可湿性粉剂 600 倍液，55% 福・烯酰（霜尽）可湿性粉剂 700 倍液，50% 烯酰吗啉可湿性粉剂 800 倍液，72% 锰锌・霜脲可湿性粉剂 600 倍液，50% 嘧菌酯水分散剂 2 000 倍液等。每 5 ~ 7d 1 次，视病情连续防治 2 ~ 3 次。

4. 灰霉病

（1）观察病害症状　叶片多从叶缘开始发病，病斑很大，呈弧形向叶片内部扩展。有时受大叶脉限制病斑呈“V”字形，有时症状像疫病，但病斑不似疫病病斑那样白而薄。在发病后期或湿度较高时，病斑上生有致密的灰色霉层，而不是疫病那样的白色霉层（图45-7）。值得注意的是，在低温高湿条件下，有时灰霉病和疫病会混发，在疫病病斑的坏死组织上着生灰霉病菌。嫩茎上初生水浸状不规则斑，后变灰白色或褐色，病斑绕茎一周，其上端枝叶萎蔫枯死，病部表面生灰白色霉状物。果实多从萼片处发病，同样密生灰色霉层（图45-8）。

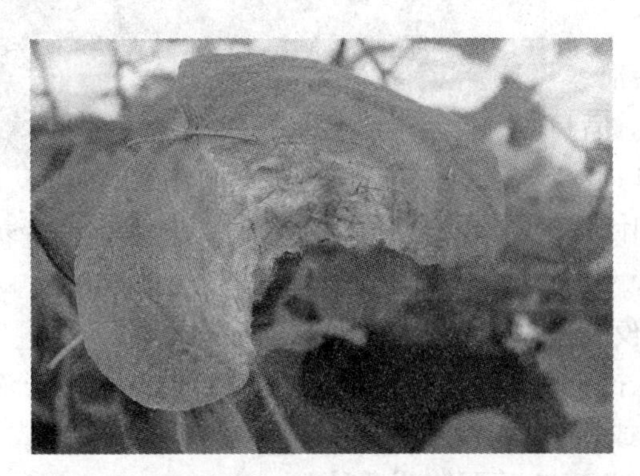

图45-7　黄瓜灰霉病病叶

图45-8　黄瓜灰霉病病瓜

（2）了解发病规律　病菌以菌丝、分生孢子随病残体在土壤中越冬。属弱寄生菌，可在腐败的植株上生存。分生孢子随气流及雨水传播蔓延，侵染的最适宜温度为16～20℃，气温高于24℃侵染缓慢。灰霉病属于低温高湿型病害，因此，设施栽培时在寒冷季节发病最重。

（3）掌握防治方法　增温降湿。发病后及时摘除病果、病叶，然后再用药，否则很难奏效。初期燃放速克灵烟剂或百菌清烟剂，隔5～7d熏烟1次，连续或交替燃放3～4次。也可选择喷洒50%益得可湿性粉剂500倍液，50%腐霉利可湿性粉剂1 500倍液，25%咪酰胺乳油2 000倍液，30%百·霉威可湿性粉剂500倍液，40%嘧霉胺悬浮剂1 200倍液，20%恶咪唑可湿性粉剂2 000倍液，2%丙烷脒水剂1 000倍液，50%烟酰胺水分散粒剂1 500倍液，40%嘧霉胺悬浮剂（施佳乐、方乐、隆利）1 000倍液，25%啶菌恶唑乳油2 500倍液，40%木霉素600倍液，50%异菌脲·福美双可湿性粉剂800倍液等药剂。每5～7d用药1次，视病情连续防治2～3次。

5. 细菌性角斑病

（1）观察病害症状　病叶先出现针尖大小的淡绿色水浸状斑点，渐呈淡黄色、灰白色、白色，因受叶脉限制，病斑呈多角形。叶背病斑与正面类似，呈多角形小斑，潮湿时病斑外有乳白色菌脓，干燥时呈白色薄膜状（故称白干叶）或白色粉末状。在干燥情况下，多为白色，质薄如纸，易穿孔（图45-9）。病斑大小与湿度有关，夜间饱和湿度持续超过6h者，病斑大。湿度低于85%，或饱和湿度时间少于3h，病斑小（图45-10）。

图45-9　黄瓜细菌性角斑病病斑

果实上病斑初呈水浸状圆形小点，在较干燥

的环境下呈凹陷状，引发果实流胶（具有类似的流胶症状的还有黑星病等侵染性病害以及某些生理病害）。在高湿环境下，果面病斑会逐渐扩展成不规则的或连片的病斑，并向果实内部发展，导致维管束附近的果肉变为褐色，病斑溃裂，溢出白色菌脓，并常伴有软腐病菌侵染，而呈黄褐色水渍状腐烂。

图45-10　黄瓜细菌性角斑病叶背症状

（2）了解发病规律　病菌附着在种子内外传播，或随病株残体在土壤中越冬，存活期达 1 ~ 2 年。借助雨水、灌溉水或农事操作传播，通过气孔或伤口侵入植株。空气湿度大，叶面结露，病部菌脓可随叶缘吐水传播蔓延，反复侵染。发病适温 24 ~ 28℃，最高 39℃，最低 4℃，适宜相对湿度 80%以上。昼夜温差大，结露重且时间长时发病重。

（3）掌握防治方法　种子消毒，可用 55℃温水浸种 15min，或冰醋酸 100 倍液浸 30min，或 40%福尔马林 150 倍液浸种 1.5h，或次氯酸钙 300 倍液浸种 30 ~ 60min，或 100 万单位农用链霉素 500 倍液浸种 2h，用清水洗净药液后再催芽播种。

浇水后发病严重，因此，每次浇水前后都应喷药预防。发病初期选择喷洒 20% 噻森铜悬浮剂 300 倍液，20% 噻唑锌悬浮剂 400 倍液，20% 噻菌茂可湿性粉剂（青枯灵）600 倍液，80% 乙蒜素 1 000 倍液，2% 宁南霉素水剂 260 倍液，14% 络氨铜水剂（胶氨铜、硫酸四氨合铜）300 倍液，0.5% 氨基寡糖素水剂（壳寡糖、施特灵）600 倍液，20% 松脂酸铜乳油（绿乳铜、绿菌灵、铜帅等）1 000 倍液，56% 氧化亚铜分散粒剂（铜大师、神铜、靠山）600 ~ 800 倍液，15% 混合氨基酸铜锌 · 镁水剂 300 倍液，1% 中生菌素（克菌康）300 倍液，20% 乙酸铜水分散粒剂（醋酸铜）800 倍液，30% 氧氯化铜悬浮剂（王铜、碱式氯化铜）600 倍液，30% 硝基腐殖酸铜可湿性粉剂（菌必克）600 倍液等药剂，每 5 ~ 7d 1 次，连喷 2 ~ 3 次。

（二）非侵染性病害

1. 戴帽出土

（1）观察病害症状　幼苗出土后子叶上的种皮不脱落，俗称“戴帽”（或“带帽”）（图 45-11）。“戴帽”子叶被种皮夹住不能张开，直接影响子叶的光合作用，真叶展开困难，即使去除种皮后子叶也容易损伤。由于幼苗出土后至真叶展开前的一段时间里，子叶是黄瓜进行光合的唯一器官，所以戴帽出土现象往往导致幼苗生长不良或形成弱苗（图 45-12）。

图45-11　戴帽出土

图45-12　摘除种壳后在子叶上留下痕迹

（2）了解发病规律 造成戴帽出土的原因很多，如种皮干燥；播种后所覆盖的土太干，致使种皮变干；覆土过薄，土壤挤压力小；出苗后过早揭掉覆盖物或在晴天中午揭膜，致使种皮在脱落前变干；地温低，导致出苗时间延长；种子秕瘦，生活力弱等。

（3）掌握防治方法

① 精细播种。营养土要细碎，播种前浇足底水。浸种催芽后再播种，避免干籽直播。在点播以后，先全面覆盖潮土 7mm 厚，不要覆盖干土，以利保墒。不能覆土过薄，且覆土厚度要均匀一致。在大部分幼苗顶土和出齐后分别再覆土 1 次，厚度分别为 3mm 和 7mm。覆土的干湿程度因气候、土壤和幼苗状况而定。第一次，因苗床土壤湿度较高，应覆盖干暖土壤，第二次为防戴帽出土，以湿土为好。

② 保湿。必要时，在播种后覆盖无纺布、碎草保湿，使床土从种子发芽到出苗期间始终保持湿润状态。幼苗刚出土时，如床土过干要立即用喷壶洒水，保持床土潮湿。

③ 覆土。发现覆土太浅的地方，可补撒一层湿润细土。

④摘“帽”。发现“戴帽”苗，可趁早晨湿度大时，或喷水后用手将种皮摘掉，操作要轻，如果干摘种壳，很容易把子叶摘断，也可等待黄瓜幼苗自行脱壳。

2. 花打顶

（1）观察病害症状 生长点不再向上生长，生长点附近的节间长度缩短，不能再形成新叶。在生长点的周围形成包含大量雌花并间杂少量雄花的花簇，有些花簇略稀疏，但多个雌花占据了生长点（图 45–13）。花打顶植株所形成的幼瓜瓜条不伸长，无商品价值，同时瓜蔓停止生长（图 45–14）。

图45–13 花打顶现象

图45–14 花打顶植株果实发育不正常

（2）了解发病规律

① 干旱。用营养钵育苗，钵与钵靠得不紧，水分散失大。苗期水分管理不当，定植后控水蹲苗过度造成土壤干旱。地温高，浇水不及时，新叶没有发出来，导致花打顶。

② 肥害。定植时施肥量大，肥料未腐熟或没有与土壤充分混匀，或一次施肥过多（尤其是过磷酸钙），容易造成肥害。同时，如果土壤水分不足，溶液浓度过高，使根系吸收能力减弱，使幼苗长期处于生理干旱状态，也会导致花打顶。

③ 低温。温室保温性能不好或育苗期间遇到低温寡照天气，夜间温度低于 15℃，致使叶片中白天光合作用制造的养分不能及时输送到其他部分而积累在叶片中（在 15 ~ 16℃条件下，同化物质需 4 ~ 6h 才能运转出去），使叶片浓绿皱缩，造成叶片老化，光合机能急剧

下降，而形成花打顶。另外，白天长期低温也易形成花打顶。同时，育苗期间的低温、短日照条件，十分有利于雌花形成，因此，那些保温性能较差的温室所育的黄瓜苗雌花反而多。

④ 伤根。在土温低于 10 ~ 12℃，土壤相对湿度 75% 以上时，低温高湿，造成沤根，或分苗时伤根，长期得不到恢复，植株营养不良，出现花打顶。

⑤ 药害。喷洒农药过多、过频造成较重的药害。

（3）掌握防治方法

① 疏花。花打顶实际是植株生殖生长过于旺盛，营养生长太弱的一种表现，因此先要减轻生殖生长的负担，摘除大部分瓜纽。需要特别注意的是，在温室冬春茬黄瓜定植不久，由于植株生长缓慢，往往在生长点处聚集大量雌花，常被误认为是花打顶。

② 叶面喷肥。通过摘掉雌花等方法促进生长后喷施 0.2% ~ 0.3% 的磷酸二氢钾。也可喷施促进茎叶快速生长的调节剂，或硫酸锌和硼砂的水溶液。

③ 水肥管理。有些花打顶植株的生长点并未完全消失，只是隐藏在雌花之间，很小，不易分辨。对于这种情况，浇大水，密闭温室保持湿度，提高白天和夜间温度，一般 7 ~ 10d 即可基本恢复正常。适量追施速效氮肥和钾肥（硝酸钾或硫酸钾）。

④ 温度管理。育苗时，温度不要过高或过低。应适时移栽，避免幼苗老化。温室保温性能较差时，可在未插架前，夜间加盖小拱棚保温。定植后一段时间内，白天不放风，尽量提高温度。

⑤ 控制生长调节剂的浓度。乙烯利的浓度应控制在 100mg/L 以内才属安全范畴，曾有报道称，有人为促进形成大量雌花，在定植初期喷 200mg/L 的乙烯利，结果严重抑制了植株生长，导致叶片畸形，致使生长点彻底消失，形成花打顶。

3. 化瓜

（1）观察病害症状　化瓜是指雌花形成后不能继续长成商品瓜，而是逐渐黄萎、脱落的现象，这样的雌花或幼瓜又称生理凋萎果或流产果。幼瓜先从顶部开始萎蔫，干缩，瓜上出现纵向的棱沟（图 45-15），果实内部多为空心，化瓜一般发生在幼果长 10cm 以前，但个别情况下，比较大的瓜也可能化掉（图 45-16）。

图45-15　一节多瓜养分竞争导致化瓜

图45-16　较大果实仍有化瓜可能

（2）了解发病规律　在低温弱光等不利条件下，黄瓜瓜纽很多，一定限度内化瓜是正常的，是植株本身自我调节的结果。大量的瓜化掉时才属于生理病害。导致化瓜的根本原因是供给果实的养分不足，之所以发生养分不足的情况，是因为各器官之间互相争夺养分或环境不良。

① 低温弱光。苗期或生长前期遇到连阴天等低温弱光天气，植株会形成大量雌花，但有的温室温度低，光照不足，植株光合作用弱，制造的养分少，不能满足每个瓜条生长发育对养分的需求。温度过低，白天低于 20℃，晚上低于 10℃，根系吸收能力也会受到影响，导致植株因"饥饿"而化瓜。

② 高温。温度过高，在正常二氧化碳浓度和空气湿度下，当白天温度超过 35℃时，植株光合作用制造的养分与呼吸作用消耗的养分达到平衡，使养分得不到积累；夜温高于 18℃，呼吸作用增强，养分消耗过多，瓜条得不到养分的补充而化掉。

③ 管理不当。大量施用氮肥，浇水过多，茎叶徒长，消耗大量养分，或缺水缺肥，这些因素均会导致化瓜。

④ 气体浓度不适。空气中二氧化碳含量为 0.03%，基本可以满足光合作用的需要。但冬季因棚室密封，放风晚，上午光合作用强烈，二氧化碳被迅速消耗，浓度迅速降低到 0.01% 以下，很难满足光合作用的需要，致使有机营养不足，容易引起化瓜。

⑤ 生长失调。营养生长与生殖生长必须协调。茎叶生长旺盛，消耗养分，瓜条发育所需养分不足会导致化瓜。生殖生长过旺，雌花数目过多，瓜码过密，植株负担过重，养分供应不足，也产生化瓜。

（3）掌握防治方法

① 生长调节剂处理。在黄瓜雌花开花后 1 ~ 2d 浸蘸瓜胎或喷花，CPPU 的处理浓度是 5 ~ 10mg/L，BR 的处理浓度是 0.01mg/L，PCPA 浓度是 100mg/L。

② 增强光照。只要室外气温不低于 –20℃，即使阴天，也应在中午前后短期揭帘，使植株接受散射光。有条件时，可安装农用红外灯补光增温。

③ 施肥。进行叶面喷肥，用 0.3% 磷酸二氢钾加 0.4% 葡萄糖加 0.4% 尿素及 15.5mg/L 的保瓜灵喷洒叶面。并进行土壤追肥。

④ 温度调控。冬季的化瓜多是由于低温导致的，而预防低温的最好方式是建造高标准温室。

⑤ 植株调整。根瓜应及早采收，及时摘除畸形瓜，疏除过密瓜。抑制徒长。

五、问题与拓展

查阅病虫害图谱书籍与资料，了解黄瓜其他病虫害，如靶斑病、白粉病、白绢病、斑点病、长蠕孢圆叶枯病、猝倒病、根腐病、根结线虫病、瓜类尾孢叶斑病、褐斑病、黑斑病、黑星病、红粉病、菌核病、枯萎病、立枯病、蔓枯病、煤污病、细菌性叶斑病、细菌性叶枯病、细菌性圆斑病、细菌性缘枯病等病害的的症状、发病规律及防治方法。了解由于环境异常、营养障碍、水肥失调等原因引发的各种生理性病害的症状及防治方法。

六、作业与思考

1. 调查当地黄瓜易发病害情况，写出调查报告。

2. 收集菜农防治黄瓜病害经验。

项目46　番茄主要病害识别与防治

一、目的与意义

番茄也是设施栽培的主要蔬菜，病害种类繁多，症状复杂，尤其是生理性病害在所有蔬菜中种类最多。因此，掌握黄瓜病害的田间诊断与防治技术，对学生未来从事或指导蔬菜生产具有重要意义。

二、任务与要求

在教师的带领下，到实验站观察露地或设施内番茄植株，识别设施番茄的主要侵染性病害及生理病害，掌握每种病害的症状特点，初步了解防治药剂，有能力者，可尝试记忆主要防治药剂，做到在未来指导蔬菜生产时，能脱口而出。

三、材料与用具

1. 材料　园艺实验站田间染病蔬菜植株，实验室病害症状挂图、标本、照片、幻灯、课件等。

2. 用具　体视显微镜、放大镜等。

四、内容与步骤

（一）侵染性病害

1. 白粉病

（1）观察病害症状　叶片染病，初在叶面出现褪绿色小点，后扩大为不规则形粉斑，表面生白色絮状物。起初霉层稀疏，渐增多呈毡状，病斑扩大连片或覆盖全叶面（图 46–1）。叶柄、茎、果实染病时，病部表面也产生白粉状霉斑（图 46–2）。

图46–1　番茄白粉病叶片症状

图46–2　番茄白粉病茎症状

（2）了解发病规律　病菌闭囊壳散出的子囊孢子靠气流传播，发病适温 15 ~ 30℃，干燥环境更利于病害蔓延。

（3）掌握防治方法　可用 20% 恶咪唑可湿性粉剂 2 000 ~ 4 000 倍液，10% 苯醚甲环唑水分散颗粒剂 1 000 ~ 1 500 倍液，15% 三唑酮可湿性粉剂 1 000 倍液，12.5% 烯唑醇粉剂 2 000 倍液，5% 亚胺唑可湿性粉剂 800 倍液喷雾，30% 苯甲・丙环唑乳油 4 000 倍液，40%

氟硅唑乳油 5 000 倍液，30% 氟菌唑可湿性粉剂 3 000 倍液，50% 醚菌酯干悬浮剂 3 000 倍液，62.25% 腈菌唑 · 锰锌可湿性粉剂 600 倍液等药剂喷雾防治。药剂配方，12.5% 烯唑醇粉剂 2 000 ~ 3 000 倍液 +1 .8% 的复硝酚钠水剂 5 000 ~ 6 000 倍液喷雾；12.5% 烯唑醇粉剂 2 000 ~ 3 000 倍液 +0.5% 几丁聚糖 2 000 ~ 3 000 倍液喷雾。

2. 斑枯病

（1）观察病害症状　接近地面的老叶先发病，逐渐向上蔓延。初发病时，叶片背面出现水浸状小圆斑，不久正反两面都出现圆形和近圆形的病斑，边缘深褐色，中央灰白色，凹陷，一般直径 2 ~ 3mm，密生黑色小粒点（图 46–3）。由于品种、栽培环境不同，病斑大小有差异。发病严重时造成早期落叶。茎、果实很少受害，症状与叶片类似（图 46–4）。

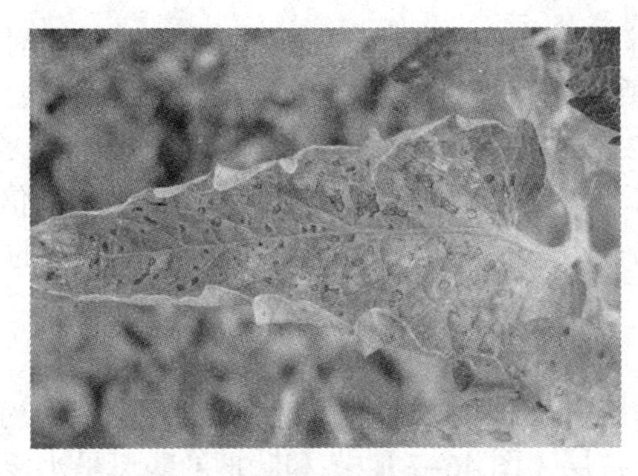

图46–3　番茄斑枯病叶片症状

图46–4　番茄斑枯病果实症状

（2）了解发病规律　初夏发生，到果实采收的中后期蔓延很快。病菌借雨水、灌溉水溅到番茄叶片上传播，所以接近地面的叶片首先发病。发病适温 25℃左右。温暖潮湿环境和阴天，利于发病。高温干燥的情况下受到抑制。

（3）掌握防治方法　可用 25% 咪酰胺乳油 1 000 倍液，40 % 嘧霉胺悬浮剂 1 000 ~ 1 500 倍液，65.5% 霜霉威水剂 600 ~ 1 000 倍液，72.2 克露 600 倍液，10% 苯醚甲环唑水分散颗粒剂 800 ~ 1 200 倍液，25% 嘧菌脂悬浮剂 1 000 ~ 1 200 倍液，新植霉素可湿性粉剂 4 000 倍液，3% 中生菌素可湿性粉剂 2 000 ~ 3 000 倍液，50% 扑海因（异菌脲）可湿性粉剂 1 000 ~ 1 500 倍液，40% 氟硅唑乳油 8 000 ~ 10 000 倍液，12.5% 烯唑醇可湿性粉剂 2 000 倍液等药剂喷雾防治。或用 45% 百菌清烟剂熏烟，每 666.7m^2 用 250g，也可用 5% 百菌清粉尘剂喷粉，每 666.7m^2 用 1kg。

3. 早疫病

（1）观察病害症状　叶片受害初期出现针尖大小的黑褐色圆形斑点，逐渐扩大成圆形或不规则形病斑，具有明显的同心轮纹，病斑表面有革质光泽，病斑周围有黄晕，潮湿时病斑上生有黑色霉层（图 46–5）。茎及叶柄上病斑为椭圆形或菱形，黑褐色，多产生于分枝处。果实多在绿熟期之前受害，形成黑褐色近圆形凹陷病斑（图 46–6）。

（2）了解发病规律　病菌借风雨传播，从气孔、皮孔、伤口或表皮侵入，结果盛期发病严重。在气温 20 ~ 25℃，相对湿度 80% 以上或阴雨天气，病害易流行。

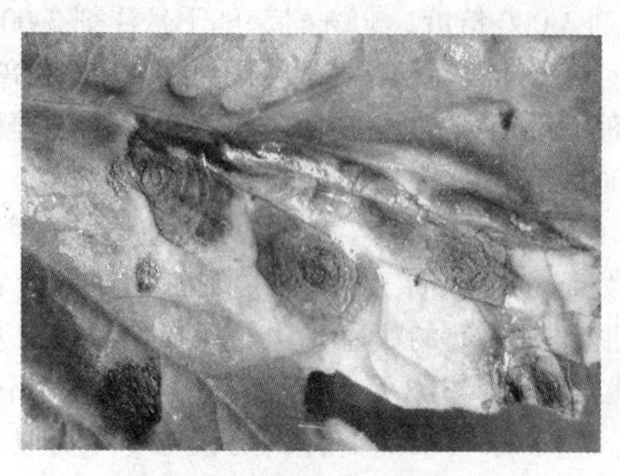

图46-5　番茄早疫病病叶症状

图46-6　番茄早疫病果实症状

（3）掌握防治方法　可用70%乙磷·锰锌500倍液，72.2%普力克（霜霉威）水剂800倍液，50%福美双可湿性粉剂500倍液，75%百菌清可湿性粉剂700倍液，25%甲霜灵可湿性粉剂600倍液，20%苯霜灵乳油300倍液，25%甲霜灵·锰锌600倍液可湿性粉剂，50%甲霜铜（瑞毒铜）可湿性粉剂600～700倍液，40%三乙磷酸铝可湿性粉剂200～250倍液，2%武夷霉素（BO-10）150～200倍液喷雾防治。对茎部病斑可先刮除，再用稀释10倍的2%农抗120药液涂抹。

4. 晚疫病

（1）观察病害症状　多从下部叶发病，叶片表面出现水浸状淡绿色病斑，逐渐变为褐色，空气湿度大时，叶背病斑边缘产生稀疏的白色霉层（图46-7）。茎和叶柄的病斑呈水浸状，褐色，凹陷，最后变为黑褐色，逐渐腐烂。果实上的病斑有时有不规则形云纹，最初为暗绿色油渍状，后变为暗褐色至棕褐色，边缘明显，微凹陷。果实质地坚硬，不变软（图46-8）。

图46-7　番茄晚疫病病叶症状

图46-8　番茄晚疫病果实症状

（2）了解发病规律　病菌借助风雨传播，由植株气孔或表皮直接侵入，病情发展十分迅速。发病适温18～22℃，最适相对湿度95%以上。因此，高湿低温，特别是温度波动较大，有利于病害流行。

（3）掌握防治方法　可用52.5%恶唑菌酮·霜脲水分散粒剂2 500倍液，69%烯酰吗啉可湿性粉剂800倍液，47%春雷氧氯铜可湿性粉剂800倍液，50%锰锌·烯酰可湿性粉剂600倍液，50%嘧菌酯水分散剂2 000倍液喷雾防治。

为提供防治效果，可采用如下配方，35%锰锌·霜脲悬浮剂600～800倍液+0.001 6%

芸薹素内酯水剂 1 500 倍液；65% 代森锌 600 倍液 +5% 亚胺唑 800 倍液 +2% 春雷霉素 500 倍液；53% 金雷多米尔 500 倍液 +30% 苯甲·丙环唑乳油 6 000 倍液 +88% 水合霉素 500 倍液；50% 锰锌·烯酰可湿性粉剂 800 倍液 +25% 咪酰胺乳油 1 500 倍液 +20% 噻菌铜悬浮液 600 倍液；10% 多氧霉素 1 000 倍液 +5% 亚胺唑 600 倍液 +2% 春雷霉素 300 倍液。

5. 叶霉病

（1）观察病害症状　叶片正面出现边缘不清晰的微黄色褪绿斑，而后在叶片背面对应位置长出灰白色后转为紫灰色的致密的绒状霉层（图 46-9、图 46-10）。

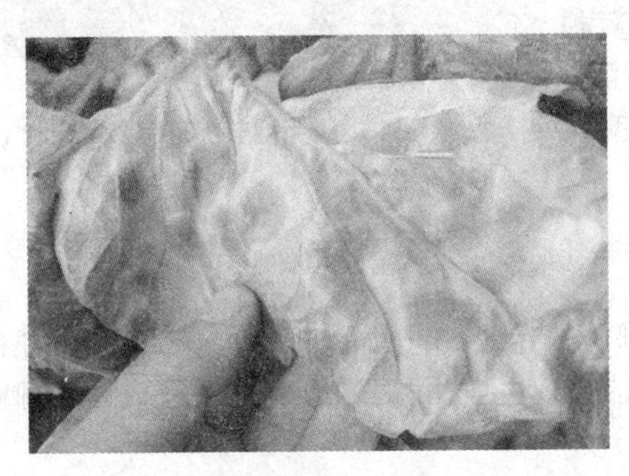

图46-9　番茄叶霉病叶面症状

图46-10　番茄叶霉病叶背症状

（2）了解发病规律　发病适宜温度 20 ~ 25℃，相对湿度 85%以上，保护地湿度过大，通风不良，浇大水，闷棚，或遇到连续阴雨天气，病害可蔓延流行。棚内短期温度升至 30 ~ 36℃，对病菌有较强的抑制作用。

（3）掌握防治方法　可用70%代森锰锌可湿性粉剂1 000倍液，50%多硫悬浮剂700倍液，40%百菌清可湿性粉剂 500 倍液，2%武夷霉素水剂 100 ~ 150 倍液，50%苯菌灵可湿性粉剂 1 000 倍液，70%甲基托布津可湿性粉剂 800 倍液等药剂喷雾防治。棚室也可每 666.7m^2 用 40%百菌清烟剂 300g 熏烟。

6. 灰霉病

（1）观察病害症状　主要发生在棚室中，从叶缘开始向里产生淡褐色“V”字形病斑，水浸状，有时有深浅相间的轮纹，表面生灰色霉层（图 46-11）。果实发病时，病菌多从残留的花瓣、花托等处侵染，果皮灰白色水浸状软腐，病部无明显边缘，后期长满致密灰色至灰褐色霉层（图 46-12）。注意，不是黑色或白色霉层。嫩茎染病后，顶稍腐烂折倒。

图46-11　番茄灰霉病叶片症状

（2）了解发病规律　病株上产生的分生孢子借助气流、灌溉水或雨水传播，由寄主伤口或衰败的器官等处侵入。低温高湿是发病的必要条件，因此，此病多于冬春低温季节或于寒流期间在棚室内发生。

（3）掌握防治方法　可用 2% 丙烷脒水剂 1 000 倍液，50% 烟酰胺水分散粒剂 1 500 ~ 2 500

倍液，40%嘧霉胺悬浮剂1 000倍液，25%啶菌恶唑乳油2 500倍液,40%木霉素600 ~ 800倍液，50%异菌脲·福美双可湿性粉剂800倍液等药剂喷雾防治。

配方：40%福·福锌可湿性粉剂600倍液+40%菌核净可湿性600倍液；96%恶霉灵粉剂300倍液+35%米达乐可湿性粉剂500倍液+72%农用硫酸链霉素可溶性粉剂3 000倍液；50%腐霉利可湿性粉剂1 000倍液+72%霜脲锰锌500倍液；40%菌核净可湿性粉剂500倍液+氨基寡糖素600倍液。

图46-12 番茄灰霉病果实症状

（二）非侵染性病害

1. 生理性卷叶

（1）观察病害症状 植株下部或中、下部叶片卷曲；重者整株卷叶。叶缘稍微向上卷曲，甚至卷成筒状，同时叶片变厚、变脆、变硬。这种生理性病害在田间零星或成片发病（图46-13、图46-14）。

图46-13 番茄生理性卷叶叶片症状

图46-14 番茄生理性卷叶田间症状

（2）了解发病规律 要是由于高温、强光、生理干旱引发的。在高温、强光条件下，番茄的吸水量弥补不了蒸腾作用的损失，造成植株体内水分亏缺，致使番茄叶片萎蔫或卷曲。在果实膨大期，尤其在土壤缺水或植株受伤、根系受损时，番茄卷叶会严重发生。

高温的中午突然灌水或雨后暴晴，由于植株不能适应突然变化的条件，可能引起生理干旱而卷叶。在高温天气，有菜农为减轻病害，过于强调降低湿度，造成空气干燥，土壤缺水，或干旱后大量灌水，造成水分供应不均衡，也会引发生理性卷叶。设施栽培的番茄遇连阴雨或长期低温寡照而后暴晴，同样会引起番茄失水卷叶。

植株调整不当也会诱发生理性卷叶，如果整枝过早或摘心过重，不仅植株地上部分生长不好，叶面积减小，还会影响地下部的生长，根量少，质量差，制约水分和养分的吸收和供给，从而影响叶片的正常生长和发育，诱发卷叶。

肥料施用不当，氮肥施用过多，或缺乏铁、锰等微量元素，植株体内养分失去平衡，引起代谢功能紊乱，也会引起番茄卷叶。

（3）掌握防治方法　设施番茄在高温、强光条件下，要及时放风，放风量要逐渐加大。干燥造成卷叶时可在田间喷水或浇水。在高温季节，可利用遮阳网及其他遮光降温措施栽培番茄。经常浇水，保持土壤含水量在80%左右，避免土壤过干或过湿。避免在高温的中午浇水。进行测土配方施肥。发现缺素时采用根外追肥的方法补救。正确掌握生长调节剂的使用浓度，避免生长调节剂污染叶片和生长点。

适时适度进行植株调整，侧芽长度应超过5cm以后方可打掉。摘心宜早，宜轻。在最后一穗果上方留2片叶摘心。

2. 植株徒长

（1）观察病害症状　徒长植株茎叶旺长，形成许多无效分枝，顶部叶片多而小，叶色淡绿，新形成的枝条虽然数量多，但十分细弱，节间长，植株郁闭，通风透光性差，坐果少，产量低（图46-15、图46-16）。

图46-15　设施番茄植株徒长

图46-16　露地番茄植株徒长

（2）了解发病规律　发生徒长的环境原因是光照不足，昼夜温差小，土壤湿度高。水肥管理上主要是因为施肥过多，尤其是氮肥用量大。另外，整枝不及时，管理粗放，也容易导致植株徒长。

（3）掌握防治方法　番茄只有营养生长与生殖生长相互协调，植株才能健壮而高产，两者是相辅相成的关系。如果生殖生长较弱，营养生长旺盛，植株就会出现徒长症状。理想的状态应该是植株茎粗壮，叶片茂盛，能制造大量同化物，同时植株上有大量果实接收、利用同化物，并通过果实“坠住”植株，使其不致于徒长。

预防徒长，首先要加强水肥管理，缓苗期至第一穗果坐住，适当少浇水，一般不浇水，防止植株徒长。每穗果实坐住及其膨大时期，要增加浇水次数。

其次要及时整枝，一般采用单干或双干整枝方式。

最后，在必要时可用植物生长调节剂控制徒长，进入营养生长旺期后，每隔10d喷1次200 ~ 300mg/L的助壮素，共喷2 ~ 3次，或在此期喷1 ~ 2次20 ~ 30mg/L的多效唑，抑制营养生长，促进生殖生长。值得注意的是，栽培者应该从改进栽培措施的角度着手抑制番茄徒长，尽量不使用助壮素、多效唑类的生长抑制剂，以多效唑为例，一旦过量或多次施用，其作用很难消失，导致植株低矮，匍匐生长，果穗密集，但果实体积小，产量大幅度降低，而目前又没有多效唑的特效“解药”，发生多效唑药害时，只能通过换土的方法解决。

3. 放射状纹裂果

（1）观察病害症状　放射状纹裂果表现为以果蒂为中心，向果肩部延伸，呈放射状开裂，裂纹4道左右。一般始于果实绿熟期，出现轻微裂纹，转色后裂纹明显加深、加宽（图46–17、图46–18）。

图46–17　放射状纹裂果初期症状

图46–18　放射状纹裂果中后期症状

（2）了解发病规律　放射状纹裂果的发生除与品种特性有关外，主要是受环境影响，露地栽培时发生较多。高温、强光、干旱等因素会使果蒂附近的果面产生木栓层，果实糖分浓度增高，当久旱后降雨和突然大量浇水，使果实内的果肉迅速膨大，渗透压（膨压）增高，会将果皮涨裂，而开裂部位多在受强光、高温危害最重的果肩部位。

（3）掌握防治方法　选择抗裂性强的品种，一般果型大而圆、果实木栓层厚的品种，比中小株型、高桩型果、木栓层薄的品种更易产生裂果。

加强水肥管理，深翻地，增施有机肥，使根系生长良好，缓冲土壤水分的剧烈变化。合理浇水，避免土壤忽干忽湿，特别应防止久旱后浇水过多。避免土壤过湿或过干，土壤湿度以80%左右为宜。温室通风口应避免落进雨水。秋延后番茄在温度急剧下降时，更要注意土壤湿度管理，避免湿度变化过快。露地栽培时，平时要多浇水，避免突然下雨时土壤湿度剧烈变化，雨后及时排水。

番茄裂果与植物吸收的钙和硼也有关，钙、硼供应不足可引起裂果，因此要及时补充钙肥和硼肥，调节土壤中各种营养元素的比例，氮肥、钾肥不可过多，否则会影响植株对钙的吸收。干旱也会影响植株对钙的吸收，因此均匀浇水至关重要。

注意环境调控，防止果皮老化，避免阳光直射果肩是防老化的有效措施，因此在选留花序和整枝绑蔓时，要把花序安排在支架的内侧，靠自身的叶片遮光。摘心时要在最后一个果穗的上面留2片叶，为果穗遮光。设施栽培时要及时通风，降低空气湿度，缩短果面结露时间。

喷洒植物生长调节剂，喷施85%比久（B9）水剂，浓度为2 000 ~ 3 000mg/L，增强植株抗裂性。成熟后及时采收，即在果实开裂前采收。

五、问题与拓展

查阅病虫害图谱书籍与资料，了解番茄其他病虫害，如猝倒病、根腐病、根结线虫病、黑斑病、菌核病、枯萎病、煤污病、灰斑病、灰叶斑病、斑萎病毒病、蕨叶病毒病、细菌性青枯病、细菌性疮痂病等病害的的症状、发病规律及防治方法。了解由于环境异常、营养障碍、水肥失调等原因引发的各种生理性病害的症状及防治方法。

六、作业与思考

1. 调查当地番茄易发病害情况，写出调查报告。
2. 收集菜农防治番茄病害经验。

项目47 大白菜主要病害识别与防治

一、目的与意义

大白菜是北方主栽蔬菜，病害种类较多，掌握大白菜病害的田间诊断与防治技术，对学生未来从事或指导蔬菜生产具有重要意义。

二、任务与要求

在教师的带领下，到实验站观察露地和塑料拱棚的大白菜植株，识别大白菜主要侵染性病害及生理病害，掌握每种病害的症状特点，通过阅读，初步了解防治药剂，有能力者，可尝试记忆主要防治药剂，做到在未来指导蔬菜生产时，能脱口而出。

三、材料与用具

实验站田间染病蔬菜植株，体视显微镜、放大镜，实验室病害症状挂图、标本等。

四、内容与步骤

（一）侵染性病害

1. 病毒病

（1）观察病害症状　叶片出现明脉和沿叶脉褪绿，然后产生花叶，叶片皱缩不平，心叶扭曲，生长缓慢。有时叶脉上产生褐色的坏死斑点或条斑，严重时，病株早期枯死。成株期被害，叶片皱缩、凹凸不平（图 47–1）。呈黄绿相间的花叶，在叶脉上也有褐色的坏死斑点或条斑（图 47–2）。严重时，植株停止生长，矮化，不包心，病叶僵硬扭曲皱缩成团。

图47–1　叶片皱缩

图47–2　叶脉出现坏死斑

（2）了解发病规律　病毒在窖藏的白菜、甘蓝的留种株上越冬，或者在田间的寄主植物活体上越冬，还可在越冬菠菜和多年生的杂草的宿根上越冬。翌年春天，主要靠蚜虫把病毒传到春季种植的十字花科蔬菜上。一般高温干旱利于发病，在28℃时，病毒（TuMV）的潜育期短，只有3 ~ 14d。相对湿度在80%以上时，不利于发病，若相对湿度在75%以下时，病毒病一般容易发生。苗期，一般6片真叶以前容易受害发病，被害越早，发病越重；6片真叶以后受害明显减轻。播种早的秋白菜一般发病重，与十字花科蔬菜连作，管理又粗放，缺水、缺肥的田块，发病也重。

（3）掌握防治方法

① 选用抗病品种。如北京新1号、北京新4号、北京新5号、北京抗病106、北京大青口、96–8、北京擂红心、北京橘红心2号、北京68、北京改良67、京春早、小杂56、京绿4号、抱头青、晋菜3号、山东1号、青杂5号、天洋绿、辽白1号、塘沽青麻叶、冀白菜3号、冀白菜6号、早心白、多育3号、杂29、石绿85、石丰88、晋菜3号、烟台1号、开原白菜、城阳青等品种比较抗病，各地可因地制宜选用抗病品种。

② 加强管理。首先，深耕细作，彻底清除田边地头的杂草。其次，病株应及时拔除，带出田外深埋或烧毁，可以减少毒源，减轻病害。要施用充分腐熟的粪肥作为底肥，并增施磷、钾肥，还要及时追肥，氮肥要做到多次少量，前少后多，分次追施，包心球每隔7 ~ 8d喷1次0.3%磷酸二氢钾水溶液叶面肥，既提高产量，又提高植株抗病力。适期播种，播种早了发病重，播种晚了又影响产量，所以，要根据当地气候适时播种，例如秋大白菜北京地区播种适期一般为立秋前5d至后3d。苗期采取小水勤灌，一般是“三水齐苗，五水定棵”，可减轻病毒病发生。在天旱时，不要过分蹲苗。间苗时，应除掉弱小病苗。为了防止人工操作传播病毒，操作前和碰到病苗后，要用肥皂水清洗消毒。

③ 药剂防治。可用病毒A可湿性粉剂500倍液，或0.5%抗毒剂1号水剂300倍液，或20%病毒净500倍液，或20%病毒A 500倍液，或20%病毒克星500倍液，或5%菌毒清500液，或20%病毒宁500倍液，或抗病毒可湿性粉剂400 ~ 600倍液，或1.5%的植病灵乳剂1 000倍液等药剂喷雾。每隔5 ~ 7d喷1次，连续2 ~ 3次。

2. 灰霉病

（1）观察病害症状　主要为害叶片及花序，病部变淡褐色，稍软化，逐渐腐烂，潮湿时病部长出灰色霉状物，不能食用。贮藏期主要侵害叶柄基部，病部由外向内扩展，初呈水浸状稍软化椭圆形斑，后形成大块不整形斑，湿度大时病部长出灰霉，即病菌子实体。后病部逐渐腐败或波及邻株。干燥条件下，不长灰霉，易与软腐病混淆，但本病不臭，别于软腐病（图47–3、图47–4）。

（2）了解发病规律　以菌丝体、菌核在土壤中，或以分生饱子在病残体上越冬。翌年分生饱子随气流及露珠或农事操作进行传播蔓延。适温及高湿条件，特别是阴雨连绵或冷凉高湿，或贮藏窖内湿度大且通透性差，易诱致发病。

（3）掌握防治方法

① 农业措施。加强肥水管理，露地种植注意清沟排渍，勿浇水过度，增施有机肥及磷钾肥，避免偏施氮肥。注意田间卫生，及时收集病残物烧毁。贮存菜窖内的温度控制在0℃左右，防止湿度过高或高湿持续时间过长，以减少贮藏期发病。

图47-3 幼株期灰霉病症状

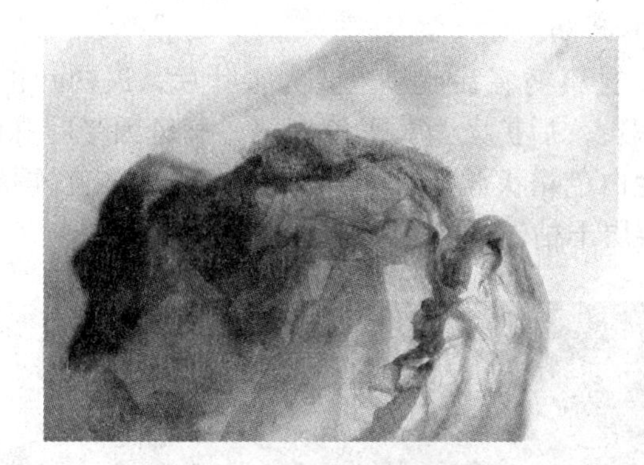

图47-4 成株叶片症状

② 药剂防治。发病初期喷洒50%农利灵可湿性粉剂1 000倍液，或50%扑海因可湿性粉剂1 500倍液，或50%速克灵可湿性粉剂1 500倍液，或50%多菌灵可湿性粉剂500倍液，或60%防霉宝超微粉600倍液，每7d 1次，连续防治2 ~ 3次。

3. 根肿病

（1）观察病害症状 只为害根部，植株矮小，生长缓慢，基部叶片变黄萎蔫呈失水状，严重时枯萎死亡。主、侧根和须根形成大小不等的肿瘤，主根肿瘤大如鸡蛋，数量少；侧根肿瘤很小，圆筒形、手指形；须根肿瘤极小，如同高粱粒，往往成串，多达20余个。肿瘤表面开始光滑，后变粗糙，进而龟裂（图47-5、图47-6）。

（2）了解发病规律 病菌在土壤中可以存活6 ~ 7年之久，在田间主要靠雨水、灌溉水、昆虫和农具传播，远距离传播则主要靠大白菜病根或带菌泥土的转运。一般种子不带菌。土壤偏酸性，气温18 ~ 25℃，土壤含水量70% ~ 90%，是发病的最适条件。连作地、低洼地、“水改旱”菜地病情较重。

图47-5 根肿病初期症状

（3）掌握防治方法

① 农业措施。重病地要和非十字花科蔬菜实行6年以上轮作，并要铲除杂草，尤其是要铲除十字花科杂草。收菜时彻底清除病根，集中销毁。发现少数病株，及时清除，随之用15%石灰水浇灌病穴。在低洼地或排水不良的地块栽培大白菜，要采用高畦或垄的栽培形式。酸性土壤应适量施用石灰，将土壤酸碱度调节至微碱性。

② 药剂防治。每666.7m^2用70%五氯硝基苯可湿性粉剂2 ~ 3kg，加细土50kg拌成药土，播前沟施或穴施；也可用70%五氯硝基苯可湿性粉剂800倍液，或50%托布津可湿性粉剂500倍液灌根，每株用药液0.3 ~ 0.5kg。

图47-6 染根肿病严重的根系

4. 霜霉病

（1）观察病害症状　主要为害叶片，最初叶正面出现灰白色、淡黄色或黄绿色周缘不明显的病斑，后扩大为黄褐色病斑，病斑因受叶脉限制而呈多角形或不规则形（图 47–7）。叶背密生白色霜状霉（图 47–8）。病斑多时相互连接，使病叶局部或整叶枯死。病株往往由外向内层层干枯，严重时仅剩小小的心叶球。

图47–7　叶面多角形或不规则形病斑

图47–8　叶背密生白色霜霉

（2）了解发病规律　病菌随病残体在土壤中，或留种株上，或附着于种子上越冬，借风雨传播，进行多次再侵染。孢子囊形成要求有水滴或露水，因此连阴雨天气，空气湿度大，或结露持续时间长时此病易流行。平均最低气温较高的年份发病重。早播、脱肥或病毒病重等条件下发病重。

（3）掌握防治方法

① 选用抗病品种。这一点很重要，有时将两类品种种植在同一块菜田里，感病品种一片狼藉，而抗病品种却并无大碍。生产上推广的夏冬青、热抗白、北京 106 号、中白、双冠、青庆、豫白 1 号、北京 4 号、26 号、88 号、100 号、青愧 169、双青 156、城阳青、天津青麻叶、开原白菜、跃进 1 号，青麻叶品系 816 — 812 等较抗霜霉病。

② 适期播种。实践证明，早播比晚播发病重，但晚播往往影响包心，使产量降低。所以，要根据当地气候做到适期播种。比如北京市郊播种适期为 8 月 3 ~ 7 日。

③ 改进种植方式。南方一般采用深沟窄厢高畦栽培，而北方一般采用带状等行距种植。北京郊区进行改革，采用宽窄行种植方式，留打药行，收到良好的效果。留打药行还便于白菜封垄后喷药防治病害和通风透光，好处多。可采用“六留一”或“四留一”的宽窄行，不仅防病效果好，而且可避免打药操作过程中造成白菜损伤。

④ 加强水肥管理。要施足底肥，增施磷、钾肥。早间苗，晚定苗，适度蹲苗。小水勤灌，雨后及时排水。莲座期采取以促生长为主，及时浇水，满足其生长所需水分，包心前中期，可喷施植保素 6 000 ~ 9 000 倍液或糖尿液（红糖：尿素：水 =1 ：4 ：100，早上喷，喷在叶片背面），可提高植株抗病力。同时加强浇水追肥，使白菜提早结球包心，又可防止早衰。

⑤ 清洁田园。苗期发病后，在间苗、定苗时应清除病苗，拉秧后也要把病叶、病株清除出田外深埋或烧毁，并深翻土壤，可减少病菌在田间传播。

⑥ 药剂防治。发病初期可用 72% 霜康可湿性粉剂 800 倍液，或 65% 宝大森可湿性粉剂 800 倍液，或 72.2% 霜霉威水剂 600 倍液，或 78% 科博可湿性粉剂 500 倍液，或 56% 霜霉清

可湿性粉剂 700 倍液，或 69% 安克锰锌可湿性粉剂 600 倍液，或 50% 甲霜铜可湿性粉剂 600 倍液，或 90% 疫霜灵可湿性粉剂 500 倍液，或 70% 乙 · 锰可湿性粉剂 400 倍液 ，或 72% 克霉星可湿性粉剂 500 倍液，或 72% 克露可湿性粉剂 700 倍液，72% 克抗灵可湿性粉剂 600 倍液，或 50% 安克可湿性粉剂 1 500 倍液，或 58% 甲霜 · 锰锌可湿性粉剂 500 倍液，或 72.2% 霜霉威水剂 600 倍液，或 52.5%抑快净水分散粒剂 1 500 倍液，或 64%杀毒矾 M8 可湿性粉剂 600 倍液，或 90%乙磷铝可湿性粉剂 800 倍液加高锰酸钾 1 000 倍液，或 25%甲霜灵可湿性粉剂 800 倍液，或 58%甲霜灵 · 锰锌可湿性粉剂 500 倍液，或 72%霜脲 · 锰锌可湿性粉剂 1 200 倍液，或 70%代森锰锌可湿性粉剂 500 倍液等药剂喷雾，每 6 ～ 8d 喷 1 次，共喷 2 ～ 3 次。

5. 黑腐病

（1）观察病害症状　大白菜黑腐病往往与软腐病同时发生，形成了两病的复合侵染，大大加重对大白菜的为害。大白菜各个时期都会发病。幼苗子叶边缘水浸状，少黑，迅速枯死。成株期从叶片边缘出现病变，逐渐向内扩展，形成“V”字形褐色病斑，周围变黄（图 47–9）。病斑内网状叶脉变为褐色或黑色。病斑扩大，造成叶片局部或大部腐烂枯死。叶柄发病，病原菌沿维管束向上发展，可形成褐色干腐，叶片歪向一侧，半边叶片发黄。短缩茎腐烂，维管束变色，有一圈黑色小点，严重的髓部中空，变黑干腐。高湿度条件下病害蔓延很快，严重发病植株多数叶片染病直至枯死（图 47–10）。种株发病，叶片上也产生“V”字形褐色病斑，病叶脱落，花薹髓部变黑褐色。

图47–9　叶片边缘出现的“V”字形病斑

图47–10　黑腐病病株

（2）了解发病规律　病原菌随种子和田间的病株残体越冬，也可在采种株或冬菜上越冬。带菌种子是最重要的初侵染来源。带菌种子可以通过引种传播到无病区。播种带菌种子后，细菌从幼苗子叶边缘的水孔和气孔侵入，引起发病。病原菌可在出间病残体上存活 1 年左右。随病残体越冬的病原菌，春季通过雨水、灌溉水、昆虫或农事操作传播带到叶片上，经由叶缘的水孔、叶片的伤口、虫伤口侵入。病菌生长适温为 27 ～ 30℃，高温高湿，多雨重露有利于黑腐病发生。暴风雨后往往大发生。易于积水的低洼地块和灌水过多的地块发病多。在连作、施用未腐熟农家肥以及害虫严重发生等情况下，发病都会加重。

（3）掌握防治方法

① 种子消毒。使用无病种子，使用由无病田和无病株采收的种子，对可能带菌的种子须行种子消毒。用温汤浸种法处理时，种子先用冷水预浸 10min，再用 50℃热水浸种

25 ~ 30min。药剂处理可用45%代森铵水剂300倍液，或77%可杀得悬浮剂800倍液，或20%喹菌酮1 000倍液浸种,浸种时间都为20min。浸种后的种子要用水充分冲洗后晾干播种。用200mg/L的链霉素或新植霉素药液浸种也有效，但白菜类蔬菜的种子对链霉素、新植霉素敏感，不宜使用，以免发生药害。此外，还可用50%琥胶肥酸铜可湿性粉剂或50%福美双可湿性粉剂，按种子重量0.4%的药量拌种。

② 农业措施。病菌在田间仅存活1年左右,因而可与非寄主作物,例如豆类、葫芦科蔬菜、茄科蔬菜等进行2年轮作，避免十字花科蔬菜连作。清洁田园，及时清除病残体，秋后深翻，施用腐熟的农家肥。适时播种，合理密植。及时防虫，减少传菌介体。合理灌水，雨后及时排水，降低田间湿度。减少农事操作造成的伤口。

③ 药剂防治。发病初期及时喷药防治。可供选用的药剂有77%可杀得可湿性粉剂500 ~ 800倍液，或1 ∶ 1 ∶（250 ~ 300）波尔多液，或72%农用链霉素可溶性粉剂4 000 ~ 5 000倍液（200mg/L），或20%喹菌酮可湿性粉剂1 000倍液，或45%代森铵水剂900 ~ 1 000倍液，或50%琥胶肥酸铜可湿性粉剂1 000倍液，或60%琥 · 乙磷铝可湿性粉剂1 000倍液等。每7 ~ 10d喷1次，共喷2 ~ 3次，各种药剂宜交替施用。

白菜幼苗对链霉素、新植霉素等敏感，药害严重，易形成白苗。在成株期使用，白菜心叶表现轻微药害，叶缘变白。

（二）非侵染性病害

1. 干烧心

（1）观察病害症状　大白菜莲座期开始发病，但主要发生在包心期以后。菜株包心后，外形正常，表现为菜球顶部边缘向外翻卷,叶缘逐渐干枯黄化(图47–11)。切开菜球，可见菜球内部的个别叶片叶面变干、黄化，叶肉呈干纸状（图47–12）。

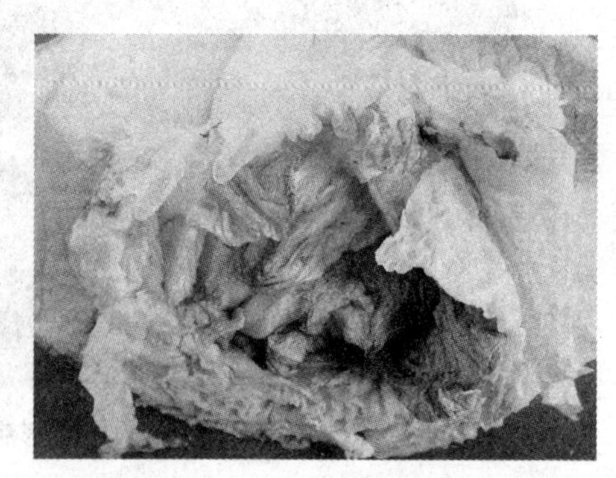

图47–11　大白菜干烧心外部症状

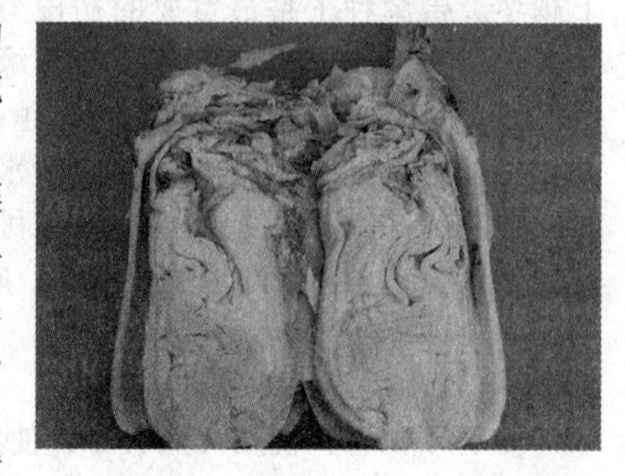

图47–12　内部部分叶片变干黄化

（2）了解发病规律　干烧心是生理性病害，致病原因有不同看法。一种认为是由于土壤中缺少水溶性钙，营养失调引起；另一种认为是由于土壤中缺少活性锰所致。

（3）掌握防治方法　不要在盐碱地中种大白菜。重病地应与非十字花科蔬菜轮作。要精细整地。适期晚播，注意播种，过早播种干烧心严重。增施腐熟的有机肥，使土壤有机质含量达到2.5%以上。合理施用化肥，氮、磷、钾肥配合使用，避免偏施氮肥。及时、适量灌水，严防苗期、莲座期干旱。莲座期保持土壤含水量不低于15% ~ 16%，结球期不低于20%。干旱年份不蹲苗或避免蹲苗过度。莲座期至包心期后，连续喷施0.7%氯化钙液加0.7%硫酸锰液，预防干烧心病发生。对已发生干烧心病的地块,要及时灌水,追肥,喷施含钙和锰的复合微肥、激素，精心管理，防止病势进一步发展，促进菜株恢复健康。为防止干烧心病在贮藏期继续发展，大白菜贮藏窖应保持温度在 0 ~ 2℃，相对湿度为 90% 左右的条件。

2. 氨害

（1）观察病害症状　氨气通过叶片气孔和水孔进入植株体内，因此处于植株中部生命活动旺盛的叶片通常最先受到伤害。受害部分形成不定形的褪色斑，开始像开水烫过一样（图 47–13）。后来叶片干枯，潮湿时坏死部位很容易被病菌侵染。严重时全株枯死，类似受冻害死亡的植株（图 47–14）。

图47–13　叶片受害症状

图47–14　幼株受害后期症状

（2）了解发病规律　在地面施用碳酸氢铵、氨水、人粪尿、鸡粪可直接产生氨气。在地面撒施尿素、硫酸铵、饼肥、鱼肥等可间接产生氨气。当叶片周围的氨气浓度达到 5mg/L 时，就会受到不同程度的毒害。

（3）掌握防治方法

① 科学施肥。有机肥要充分腐熟，并应深施，与土壤混匀。避免偏施、过施氮肥。不要将可以直接或间接产生氨气的肥料撒施地面，不要在温室内发酵可以产生氨气的肥料。施用化肥不要过于集中，要深施，施后覆土踏实。

② 补救措施。在叶片背面喷 1% 食用醋可明显减轻危害。加强肥水和温度管理，可以得到较快恢复。也可喷洒康丰素及叶面宝等加以缓解。

五、问题与拓展

查阅资料，学习河北省玉田县、徐水县大白菜栽培及防病经验。

六、作业与思考

1. 大白菜的“三大病害”指的是哪些病害？如何进行综合防治？
2. 如何预防秋季大白菜发生干烧心？

项目48　蔬菜害虫的识别与防治

一、目的与意义

为害设施蔬菜的害虫相对较少，但个别害虫为害十分严重。各种昆虫食性和取食方式不同，咀嚼式口器害虫，如甲虫、蝗虫及蛾蝶类幼虫等，取食固体食物，为害根、茎、叶、花、果实和种子，造成机械性损伤，如缺刻、孔洞、折断、钻蛀茎秆、切断根部等；刺吸式口器害虫，如蚜虫、椿象、叶蝉和螨类等，是以针状口器刺入植物组织吸食食料，使植物呈现萎缩、皱叶、卷叶、枯死斑、生长点脱落、虫瘿（受唾液刺激而形成）等。认识和研究害虫，掌握害虫发生和消长规律，对于防治害虫，保护蔬菜，取得高产优质的栽培效果具有重要意义。

二、任务与要求

在教师的带领下，到实验站观察菜田害虫，掌握每种害虫的形态特征和为害特点，通过阅读，初步了解防治药剂，有能力者，可尝试记忆主要防治药剂，做到在未来指导蔬菜生产时，能脱口而出。

三、材料与用具

实验站田间现场搜集的各种害虫，体视显微镜、放大镜，实验室病害症状挂图、照片、标本、教学课件等。

四、内容与步骤

（一）蚜虫与粉虱

1. 瓜蚜

（1）观察形态特征　无翅胎生雌蚜体长1.5～1.9mm，夏季黄绿色，春、秋季墨绿色（图48-1）。触角第三节无感觉圈，第五节有1个，第六节膨大部有3～4个。体表被薄蜡粉。尾片两侧各具3根毛。有翅孤雌成蚜，体长1.2～1.9mm，黄色、绿色或深绿色至蓝黑色，夏季以黄色型居多，体表被薄蜡粉。若蚜黄绿色至黄色，也有蓝灰色。有翅若蚜于第一次蜕皮出现翅芽，蜕皮4次变成成虫。

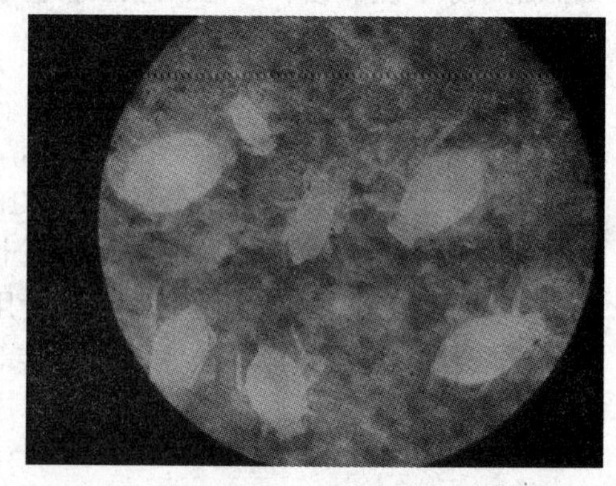

图48-1　无翅蚜

（2）了解为害特点　成虫和若虫在瓜叶背面和嫩梢、嫩茎上吸食汁液。嫩叶及生长点被害后，叶片卷缩，生长停滞，甚至全株萎蔫死亡；老叶受害时不卷缩，但提前干枯（图48-2）。

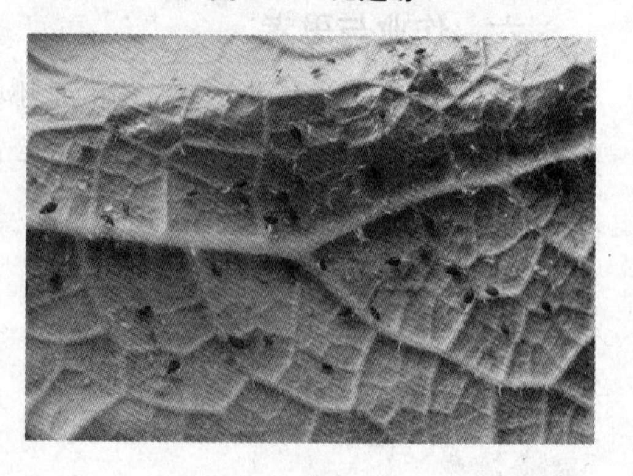

图48-2　为害黄瓜叶片

（3）掌握防治方法

① 喷施农药。此法最常用，可选用下列药剂之一喷雾，50%灭蚜松乳油2 500倍液，或20%速灭杀丁（杀灭菊酯）乳油2 000倍液，或2.5%

溴氰菊酯乳油 2 000 ~ 3 000 倍液，或 2.5%功夫乳油（除虫菊酯）3 000 ~ 4 000 倍液，或 50%抗蚜威（辟蚜雾、比加普、灭定威、Rapiol）可湿性粉剂 2 000 ~ 3 000 倍液，或 20%丁硫克百威 1 000 倍液，或 40%菊·马乳油 2 000 ~ 3 000 倍液，或 40%菊·杀乳油 4 000 倍液，或 21%灭杀毙乳油 6 000 倍液，或 5%顺式氯氰菊酯（快杀敌、高效安绿宝、百事达、高顺氯氰菊酯、亚灭宁）乳油 1 500 倍液，或 10%蚜虱净可湿性粉剂 4 000 ~ 5 000 倍液，或 15%哒螨灵乳油 2 500 ~ 3 500 倍液，或 20%多灭威乳油 2 000 ~ 2 500 倍液，或 4.5%高效氯氰菊酯 3 000 ~ 3 500 倍液等药剂，每 5 ~ 7d 1 次，连续防治 2 次，效果较好。

② 燃放烟剂。适合在保护地内防蚜，每 666.7m^2 用 10%氰戊菊酯烟雾剂 0.5kg。把烟雾剂均分成 4 ~ 5 堆，摆放在田埂上，傍晚覆盖草苫后用暗火点燃，人退出温室，关好门，次日早晨通风后再进入温室。

③ 黄板诱蚜。有翅成蚜对黄色、橙黄色有较强的趋性，取一块长方形的硬纸板或纤维板，板的大小一般为 30cm × 50cm，先涂一层黄色广告色（水粉，美术商店有售），晾干后，再涂一层黏性黄色机油（机油内加入少许黄油）或 10 号机油，利用机油黏杀蚜虫，经常检查并涂抹机油。

2. 温室白粉虱

（1）观察形态特征　成虫体长 1.0 ~ 1.5mm，淡黄色，翅面覆盖白蜡粉（图 48-3）。卵长约 0.2mm，侧面观为长椭圆形，基部有卵柄，从叶背的气孔插入植物组织中。初产时淡绿色，覆有蜡粉，而后渐变为褐色，至孵化前变为黑色。1 龄若虫体长约 0.29mm，长椭圆形；2 龄约 1.37mm；3 龄约 0.51mm，淡绿色或黄绿色，足和触角退化，紧贴在叶片上；4 龄若虫又称伪蛹，体长 0.7 ~ 0.8mm，椭圆形，初期体扁平，逐渐加厚呈蛋糕状，中央略高，黄褐色。

（2）了解为害特点　温室白粉虱在我国的存在是典型的生物入侵的结果，最初，我国并没有温室白粉虱，它是随着蔬菜种子和农产品的进口传入我国的。目前，温室白粉虱是保护地栽培中的一种极为普遍的害虫，几乎可为害所有蔬菜。成虫和若虫吸食植物汁液，被害叶片褪绿、变黄、萎蔫，甚至全株死亡。此外，尚能分泌大量蜜露，污染叶片，导致煤污病，并可传播病毒病（图 48-4）。

图48-3　温室白粉虱成虫

图48-4　成虫群集于黄瓜叶片背面为害

（3）掌握防治方法　由于温室白粉虱虫口密度大，繁殖速度快，可在温室、露地间迁飞，药剂防治十分困难，也没有十分有效的特效药。但有几种行之有效的生态防治方法。

其一，覆盖防虫网。每年 5 ~ 10 月，在温室、大棚的通风口覆盖防虫网，阻挡外界白粉虱进入温室，并用药剂杀灭温室内的白粉虱，纱网密度以 50 目为好，比家庭用的普通窗纱网眼要小。

其二，黄板诱杀。可以用纸板、木板涂上黄色油漆或广告色，或用吹塑纸、黄色塑料板制作，在表面涂上机油，利用白粉虱对黄色的趋性，将其吸引过来并将其粘住。除自制外，也可从市场直接购买。常年悬挂在设施中，可以大大降低虫口密度，再辅助以药剂防治，基本可以消灭白粉虱。

其三，频振式杀虫灯诱杀。这种装置以电或太阳能为能源，利用害虫较强的趋光、趋波等特性，将光的波长、波段、频率设定在特定范围内，利用光、波，以及诱到的害虫本身产生的性信息引诱成虫扑灯，灯外配以频振式高压电网触杀，使害虫落入灯下的接虫袋内，达到杀虫目的。

药剂防治时，可用2.5%溴氰菊酯乳油2 000 ~ 3 000倍液，1.8%阿维菌素乳油2 000 ~ 3 000倍液，10%吡虫啉可湿性粉剂 4 000 ~ 5 000 倍液，15%哒螨灵乳油 2 500 ~ 3 500 倍液，20%多灭威乳油 2 000 ~ 2 500 倍液，4.5%高效氯氰菊酯乳油 3 000 ~ 3 500 倍液等药剂喷雾防治。在保护地内选用 1%溴氰菊酯烟剂或 2.5%杀灭菊酯烟剂，效果也很好。

（二）食叶蛀果害虫

1. 棉铃虫

（1）观察形态特征　成虫体长 14 ~ 18mm，翅展 30 ~ 38mm，灰褐色。卵直径约 0.5mm，半球形，乳白色。老熟幼虫体长 30 ~ 42mm，体色变化很大，由淡绿至淡红至红褐乃至黑紫色（图 48-5）。蛹长 17 ~ 21mm，黄褐色。

（2）了解为害特点　主要为害茄果类蔬菜，以幼虫蛀食蕾、花、果，也为害嫩茎、叶和芽。幼果常被吃空或引起腐烂而脱落，成果只被蛀食果肉，蛀孔便于雨水、病菌流入引起腐烂（图 48-6）。

图48-5　各种体色的幼虫

图48-6　被棉铃虫钻蛀的果实

（3）掌握防治方法　在棉铃虫产卵盛期，结合整枝，摘除虫卵烧毁。幼虫蛀入果内，喷药无效，可用泥封堵蛀孔。在第一穗果长到鸡蛋大时开始用药，可用 2. 5%功夫乳油 5 000 倍液，或 20%多灭威 2 000 ~ 2 500 倍液，或 4.5%高效氯氰菊酯 3 000 ~ 3 500 倍液，或 40%菊 · 杀乳油 3 000 倍液，或 5%氟虫脲（卡死克）乳油 2 000 倍液，或 5%伏虫隆（农梦特、MK139、得福隆、四氟脲、氟苯脲）乳油 4 000 倍液，或 5%氟铃脲（盖虫散、六伏隆、

XPD-473）乳油 2 000 倍液，或 20%除虫脲（灭幼脲 1 号、二福隆、伏虫脲、敌灭灵）胶悬剂 500 倍液，或 50%辛硫磷乳油 1 000 倍液，或 20%多灭威 2 000 ～ 2 500 倍液等冬季喷雾。每 7d 1 次，连续防治 3 ～ 4 次。

2. 二十八星瓢虫

（1）观察形态特征　幼虫体长约 9mm，淡黄褐色，长椭圆状，背面隆起，各节具黑色枝刺（图 48-7）。蛹长约 6mm，椭圆形，淡黄色，背面有稀疏细毛及黑色斑纹。成虫体长 7 ～ 8mm，半球形，赤褐色，体表密生黄褐色细毛。两鞘翅上各有 14 个黑斑。卵长 1.4mm，纵立，鲜黄色，有纵纹（图 48-8）。

图48-7　二十八星瓢虫的幼虫

图48-8　二十八星瓢虫成虫啃食叶片

（2）了解为害特点　主要为害番茄、茄子等茄果类蔬菜和菜豆、豇豆等豆类蔬菜，也为害各种叶菜。成虫和幼虫在叶背面剥食叶肉，形成许多独特的不规则的半透明的细凹纹，严重时吃得叶片仅留叶脉。被害果实表面有细凹纹，内部组织僵硬且有苦味。

（3）掌握防治方法　利用成虫假死习性，用盆承接，拍打植株使之坠落，人工摘除卵块。幼虫分散前施药，可用 90%敌百虫晶体 1 000 倍液，50%杀虫环（易卫杀、类巴丹、甲硫环、虫噻烷）可溶性粉剂 1 000 倍液，20%甲氰菊酯（芬普宁、灭虫螨、杀螨菊酯、农螨丹）乳油 1 200 倍液，10%乙氰菊酯（赛乐收、杀螟菊酯、稻虫菊酯）乳油 2 000 倍液，2.5%溴氰菊酯乳油 3 000 倍液，2.5%功夫乳油 4 000 倍液，75%硫双威（拉维因、硫双灭多威、硫敌克、双灭多威）可湿性粉剂 1 000 倍液，或 30%多噻烷乳油 500 倍液，5%顺式氰戊菊酯（来福灵、高效杀灭菊酯、强力农、益化利、双爱士、强福灵、霹杀高、白蚁灵）乳油 1 500 倍液，5.7%氟氯氰菊酯（百树菊酯、百树得）乳油 2 500 倍液等药剂喷雾，隔 7 ～ 10d 喷 1 次，共喷 2 ～ 3 次。

（三）地下害虫

1. 刺足根螨

（1）观察形态特征　成螨，雌螨体长 0.58 ～ 0.87mm，宽卵圆形，白色发亮。螯肢和附肢浅褐红色；前足体板近长方形；后缘不平直；基节上毛粗大，马刀形。格氏器官末端分叉。交配囊紧接于肛孔的后端，有一较大的外口。雄螨体色和特征相似于雌螨。跗节爪大而粗，基部有一根圆锥形刺。卵椭圆形，乳白色半透明。若螨体长 0.2 ～ 0.3mm，体形与成螨相似，颚体和足色浅，胴体呈白色（图 48-9）。

（2）了解为害特点　成、若螨群聚于蔬菜根表面刺吸为害，根系变褐色，腐烂，吸收能力降低。地上部植株矮小、瘦弱，叶片黄化，边缘皱缩，生长缓慢，容易误诊为缺素（图48-10）。

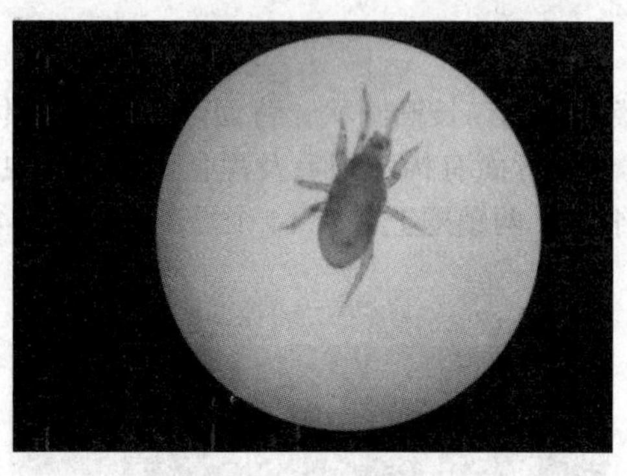
图48-9　刺足根螨成虫

图48-10　温室黄瓜受害状

（3）掌握防治方法　用20%杀灭菊酯、辛硫磷混合乳油，每666.7m^{2}用量200 ~ 250ml，拌湿润的细土，翻耕后撒入田内，然后整地种植。出现症状后，用1.2%烟·参碱乳油800 ~ 1 000倍液、73%克螨特乳油2 000倍液、15%扫螨净乳油3 000 ~ 4 000倍液灌根，大剂量连灌3次，基本可以控制虫害。还可用1.8阿维菌素乳油1 000 ~ 1 500倍液灌根，每株灌药液250ml，效果也很好。

2. 沟金针虫

（1）观察形态特征　成虫体长16 ~ 28mm，浓栗色。雌虫前胸背板呈半球形隆起。雄虫体型较细长，触角12节，丝状，长达鞘翅的末端。卵椭圆形，长径0.7mm，短径0.6mm，乳白色。老龄幼虫体长20 ~ 30mm，金黄色，体背有一条细纵沟，尾节深褐色，末端有2个分叉。蛹体长15 ~ 20mm，宽3.5 ~ 4.5mm（图48-11）。雄虫蛹略小，末端瘦削，有刺状凸起。

（2）了解为害特点　以幼虫在土中取食播下的各种蔬菜种子、萌出的幼芽、菜苗的根，使幼苗枯死，造成缺苗断垄，甚至毁种（图48-12）。

图48-11　沟金针虫幼虫

图48-12　幼虫为害刚定植的甘蓝幼苗

（3）掌握防治方法

① 农业防治。深翻土地，破坏沟金针虫的生活环境。在沟金针虫为害盛期多浇水可使其下移，减轻为害。

② 药剂防治。播种或定植时每 666.7m^2 用 5%辛硫磷颗粒剂 1.5 ~ 2.0kg 拌细干土 100kg 撒施在播种（定植）沟（穴）中，然后播种或定植。也可选用 50%辛硫磷乳油 800 倍液，50% 杀螟硫磷乳油 800 倍液，50% 丙溴磷 1 000 倍液，25% 亚胺硫磷乳油 800 倍液，48%乐斯本乳油 1 000 ~ 2 000 倍液，8% 杀虫素乳油 3 000 倍液，5% 抑太保乳油 1 500 倍液，5% 卡死克 4 000 倍液，50% 西维因可湿性粉剂 600 倍液，5%锐劲特悬浮剂 2 000 倍液，18.1% 富锐乳油 2 500 倍液等药剂灌根防治。

第五篇　观摩考察

项目49　设施蔬菜生产基地考察

一、目的与意义

设施蔬菜生产基地考察是实现园艺、设施农业科学与工程等专业学生培养目标的重要实践性教学环节，可以使学生巩固课堂讲授的理论知识，开拓学生视野，增强学生对该专业课程的兴趣和感性认识，提高实践操作技能。

二、任务与要求

1. *任务*　听取实习指导教师、生产基地负责人或技术人员讲解，认真记录。进入温室、大棚参观，向管理者了解蔬菜栽培的关键技术，获得重要数据，学习蔬菜管理和病虫害防治经验，做好记录，并同时填写调查表。自由参观，分组进入温室，走访菜农，获得多方信息，相互印证，并锻炼社会交往能力。

2. *要求*　实习学生全程参加实习过程，无特殊情况时不准请假；有事请假时先经任课老师批准，再由辅导员审批。遵纪守法，要有礼貌，注意保护菜田或园区的各种作物。严格按学校的作息时间或实习安排时间进行活动。全过程中，保持高度的安全与防范意识。

三、生产基地

选择当地设施蔬菜生产基地，应符合以下条件：其一，设施种类，要求具有主要的栽培设施，如日塑料大棚、光温室、现代化温室等;其二，蔬菜种类，要求栽培有主要的设施蔬菜，如瓜类、茄果类、豆类、绿叶菜类等；其三，基地特色，要求基地的规模、科技水平等在当地排在前列，具有一定特色。根据农时和当年栽培情况，主要考察秦皇岛市昌黎县靖安镇马坊营设施蔬菜生产基地，考察内容主要为日光温室黄瓜；考察乐亭县城郊无公害蔬菜生产基地，考察内容为塑料大棚甜瓜；秦皇岛昌黎县都寨设施蔬菜基地，考察内容为日光温室甜瓜、草莓、番茄等。

四、内容与步骤

（一）听取指导教师介绍

听取带队教师现场介绍，了解并记录生产基地的规模，主要栽培蔬菜品种，栽培技术特色，在当地设施蔬菜生产中的地位，与河北科技师范学院的合作情况等相关内容。记录该基地负责人、技术员、温室管理者姓名及联系方式，以备日后交流（图 49-1）。

（二）听取技术人员介绍

听取该地区农业管理部门技术人员、经验丰富的菜农，介绍主栽蔬菜具体管理技术及经验（图 49-2）。

图49-1 教师介绍基地情况

图49-2 基地技术人员介绍情况

（三）听取设施管理者介绍

进入日光温室、塑料大棚等设施内部，现场听取实际管理者的栽培经验，结合蔬菜栽培情况，与管理人员交流，获取蔬菜栽培关键技术（图 49-3）。填入记录表（表 49-1）。

（四）走访基地其他设施

分组进行，自由走访本基地其他设施，与种植者交流（图 49-4），完善、修正表 49-1。

图49-3 听取温室管理者介绍经验

图49-4 在教师带领下走访菜农

表49-1 ____________基地设施蔬菜栽培技术调查表

设施地址		调查时间	
被调查人姓名		设施类型	
当前栽培蔬菜种类		当前蔬菜栽培茬次	
设施面积		蔬菜品种	
本设施用种量		开始浸种日期	
种子处理方法		播种日期	
营养土组分		播种方法	
苗期温度指标		苗期是否浇水施肥	
日历苗龄		生理苗龄	

（续表）

定植日期		畦型（记录大小行距）	
株距		定植注意事项	
浇缓苗水日期		蹲苗天数	
浇水频度		施肥频度	
土壤施肥种类		每次土壤施肥量	
叶片肥种类		架式	
整枝方式		单株结果数	
总产量		拉秧日期	
主要病害1		防治方法	
主要病害2		防治方法	
栽培畦截面简图 （标注尺寸，单位：cm）			
主要经验记录			

五、问题与拓展

进一步了解基地经营情况，师生、菜农座谈，探讨农业合作社的合理运行方式。

六、作业与思考

1. 撰写调查报告。
2. 回校后开讨论会，积极准备发言，谈调研感受。

项目50 农业企业及农业合作社考察

一、目的与意义

随着市民蔬菜消费观念、蔬菜市场需求的变化，蔬菜设施生产设备、蔬菜种植种类种类、蔬菜栽培方式和蔬菜栽培技术等都发生了较大变化。一批农业企业涌现出来，在农业领域发挥着重要作用。通过考察农业企业，尽量让学生了解、掌握目前蔬菜生产先进设施、新技术以及目前蔬菜市场状况。要求学生学会将理论知识与生产实践相结合，提高分析问题和解决问题的能力。

二、任务与要求

调查农业企业的经营范围，设施种类、结构和管理技术，蔬菜种类和主要栽培技术，企业经营状况。

三、农业企业

秦皇岛嘉诚食品加工有限公司、秦皇岛禾丰农业开发有限公司、河北省昌黎县马坊营农业合作社。

四、内容与步骤

（一）了解农业企业及农业合作社基本情况

听取农业企业及农业合作社负责人介绍，了解农业企业及农业合作社基本情况，做好记录（图 50–1、图 50–2）。

图50–1　参观蔬菜包装车间

图50–2　观察蔬菜包装操作

（二）调查企业农资项目部

主要调查种子、农药、化肥，包括种类、包装、价格、产地、用途、使用方法。

（三）考查蔬菜生产情况

调查企业所属地区或基地蔬菜生产情况，包括栽培形式、茬口安排、作物种类、蔬菜病害、栽培技术、经济效益、存在问题与改进方法。

五、问题与拓展

查阅当地类似企业相关资料，综合分析所考察企业存在问题，并提出改进意见。

六、作业与思考

1. 撰写考察报告。
2. 对所考察企业进行评价。

附　录　实用技术

一、智能蔬菜病虫害诊断与防治专家系统简介

智能蔬菜病虫害诊断与防治专家系统（ VPS ）由王久兴研制，是基于图像的智能化实用型开放式农用专家系统类计算机软件，具有基于数码图像而非文字描述的直观智能推理诊断功能，拥有 25 000 幅图像和 300 万文字的数据库，能自由添加农药种类并与防治方案链接，能自由添加编辑蔬菜、农资种类、病虫种类和相应图像文本。

（一）智能诊断

计算机根据用户对特征图像的勾选，进行图像处理，推导分析，得出结果及其可信度，通过浏览详细信息进一步确认。操作步骤是，从树状目录或快捷键选择待诊蔬菜，比如选择了“黄瓜”。界面右边就会出现该蔬菜所有病虫害的特征照片，这些照片按照茎蔓、叶片、果实、根系、花朵等发病部位（虫害按虫态）分类，通过点击相应的页签实现类别变换，用户通过与病虫害样本特征比对，根据图形匹配原则勾选，然后点击“诊断”按钮，计算机开始推理运算，给出 1 ~ 3 个结果（附图 1–1）。点击诊断结果显示区的“查看详细信息”按钮，展开病虫害个案，进一步查看该病虫害的文字资料、图片、防治农药等信息。

（二）浏览查询

浏览查询功能是依据图像对比匹配和文字信息辅助进行诊断。界面采用了树状目录，用户可沿病害种类—蔬菜分类—蔬菜种类—病害名称查询到每条病虫害的记录。每种蔬菜病害的显示内容包括不同部位症状图像 5 ~ 100 幅，每条害虫包括为害状和卵、幼虫、成虫、蛹等不同虫态图像 5 ~ 40 幅。数码照片均为田间实拍，色彩逼真，清晰自然，尺寸为 1 024 × 768 。病害文字包括病害别名、病原菌拉丁文学名、症状、发病条件、防治方法等，虫害文字包括拉丁文学名、形态特征、生活史及生活习性、发生规律、防治方法等。浏览的同时可以打印。能对图片进行放大、缩小、全屏显示、切换、预览。在全屏幕显示的状态下。用户把样本与图像对比，得出结论（附图 1–2）。

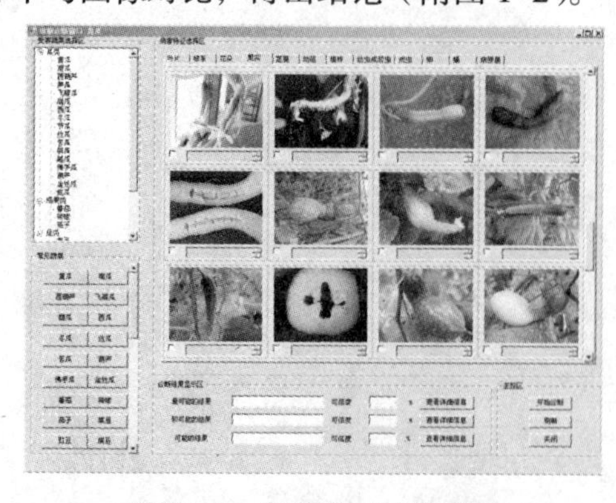

附图1–1　智能诊断功能界面

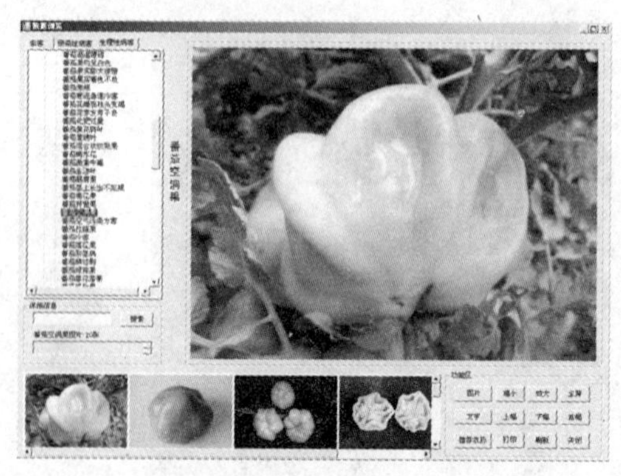

附图1–2　浏览查询功能界面

（三）农资促销

每种病虫害都链接着防治用的农资（农药、肥料、生长调节剂等），用户可以有针对性地输入农药数据，不同的农药商可输入不同的内容。系统自带上千种农资、农药，相应信息包括名称、生产厂、地址、电话，用户可修改或删除。

（四）数据管理

软件采用开放设计，可以根据当地蔬菜栽培状况和农药种类对内容进行修改和补充。主要包括：编辑蔬菜病虫害种类，用户可以添加、修改、删除蔬菜种类、蔬菜名称和病虫害种类及名称（附图 1–3）。编辑蔬菜病虫害个案信息，可以对每种蔬菜病虫害的图片以及该图片的说明进行添加、修改、删除，并对该病虫害的文字信息进行编辑、修改。智能诊断功能修改，添加、修改、删除特征类别，自行设定病虫害图像特征值。编辑农药信息及其与病虫害的对应关系，用户可以添加、修改、删除农药的种类、名称和相关信息，甚至可以修改农资分类层数、增减类别（附图 1–4）。

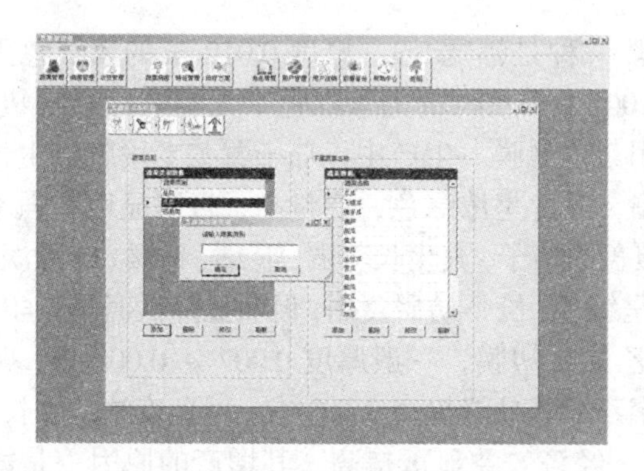
附图1–3 编辑蔬菜分类界面

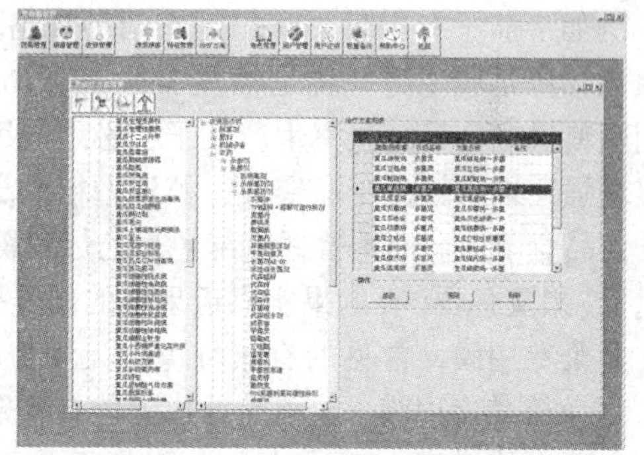
附图1–4 设置防治方案界面

二、设施地面全膜覆盖技术

在设施蔬菜直播或移栽后，将设施内所有地面（包括栽培床、走道等），全部用地膜或棚膜覆盖，称为设施地面全膜覆盖技术。设施秋、冬、春茬蔬菜生产，多数采取大小垄栽培。一般大行宽 80cm，小行宽 40cm，采用幅宽 1.4m 的地膜，正好能将设施内栽培区地面全部覆盖起来。设施内其余裸露地面，如走道、水沟等全部用棚膜覆盖起来（附图 2–1）。

附图2–1 日光温室黄瓜栽培全膜覆盖

设施地面全膜覆盖的优点是：

1. 降低空气湿度 设施地面全膜覆盖后，基本截断了地面的水分蒸发，大大降低了空气湿度，一般能控制在 90% 以下，这就使真菌孢子的萌发和菌丝体的生长受到阻碍，进而起到防病治病的作用。

2. 提高气温和地温 由于大幅度降低了水分蒸发量，进入设施内的太阳光节省了对地面水分进行汽化的汽化热，而大部分用于设施内气体和土壤加温，所以能显著提高气温和地温。

3. 增强光照强度　进入设施内的光线由于薄膜的反射作用，使蔬菜植株中下部的光照增强，有利于蔬菜生长发育，达到壮秧增产的目的。

4. 有效防止病虫害　全膜覆盖避免了植株与土壤直接接触，有效防止某些土传病害和地下虫害。

三、蔬菜专用膜应用技术

选用不同颜色的薄膜，覆盖不同种类的蔬菜，从而达到增产、优质、防病虫的目的，这项技术称为蔬菜专用膜应用技术。

蔬菜专用膜应用技术无论在理论上还是在生产实践中目前还处于日趋成熟阶段。多年来的生产实践证明，确有推广价值的有色薄膜还不很多，有关的技术数据还很少。但生产实践也使人们看到了不同颜色的薄膜对某些蔬菜确有很大的增产、防病虫、改善品质的作用，值得大面积推广。

例如：茄子专用膜，常用的有两种规格。一种是幅宽 3m、厚度 0.012cm 的紫红色无滴聚氯乙烯压延膜；另一种是幅宽 3m、厚度 0.007 ~ 0.008cm 的紫红色半无滴聚乙烯吹塑膜。利用塑料拱棚、日光温室生产茄子，必须选用紫色薄膜。生产中，茄子覆盖专用膜，生长势明显增强，果实颜色变深变紫，植株增粗增高，叶片呈浓绿色，产量高，极明显地增强了茄子的商品竞争力。而用普通蓝绿色聚乙烯膜覆盖的茄子，其生长势弱，茎细、杆矮、叶片淡绿，产量低，果实色浅，有的果实靠近果肩的部分呈绿色，虽不妨碍食用，但明显降低商品竞争力。

韭菜专用膜，常见的有紫红色半无滴聚乙烯吹塑膜，一般厚度 0.007 ~ 0.008cm，幅宽 3m。韭菜覆盖专用膜，较覆盖普通无色有滴聚乙烯膜畦温提高 3℃左右，叶色变浓，生长快，头刀韭菜平均增产 30% 左右，二刀韭菜平产，经济效益显著提高。其增产的原因一是薄膜的无滴性，二是紫红颜色。

生产上应用蓝绿色聚乙烯薄膜覆盖黄瓜，能实现 30 000kg/666.7m^2 的高产，已得到公认。有实验证明，用无色普通薄膜覆盖番茄较蓝色薄膜增产 50%，较用红色的增产 43%，且成熟期都有所提前。紫色薄膜覆盖下生产草莓，可较无色薄膜增产 20% 以上。用银灰色薄膜覆盖地面，则可使蚜虫无法接近，可减少蚜虫传染的多种病害。荷兰的荧光地膜，能使马铃薯和莴苣的产量较普通膜增产 32.7%。黑色膜可用来生产蒜黄和韭黄，并可作降温膜和除草膜使用。在普通地膜中加入除草剂制成的除草膜已在生产中推广。美国、日本等国家还制造出营养地膜，使用后不断释放营养供作物吸收利用，最后地膜被分解完毕，全部转变为肥料。

四、遮阳网应用技术

遮阳网是用聚乙烯原料编织成的网状编织物，有银灰、黑色、蓝色等多种颜色，不同颜色遮阳网有不同的透光率，覆盖后能起降温、遮光、避雨、防风、防虫、防鸟、保湿抗旱、保暖防霜等多种作用，与普通常用的苇帘、竹帘、草帘相比较，遮阳网有使用寿命长、重量轻、操作方便、便于剪裁拼接、保管方便、体积小、用时省工、省力等优点。可用于大面积大、中、小棚以及日光温室遮阳栽培（附图 4–1）、防暴雨栽培及早春、晚秋叶菜抗热防霜冻栽培，也可用于遮阳育苗。

设施覆盖遮阳网主要有以下两种形式：① 外遮阳覆盖。将遮阳网直接覆盖在塑料薄膜上，这种方式遮阳效果好，降温效果也比较好，但容易遭风害，防风效果差。② 内遮阳覆盖。将遮阳网挂在塑料薄膜下，这种方式不易遭风害，防风效果好，对棚室的采光影响也不大，但降温效果较差。

（一）作用效果

1. 遮强光，降高温　炎夏覆盖（附图 4–2），遮光率 25% ~ 75%，地表温度可降 4 ~ 6℃，最大值可降 12℃以上；地上 30cm 气温降 1℃左右；5cm 地温下降 3 ~ 5℃，作地表浮面覆盖时可降地温 6 ~ 10℃。

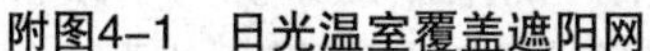

附图4–1　日光温室覆盖遮阳网　　附图4–2　利用遮阳网进行番茄越夏栽

2. 防暴雨，抗雹灾　因遮阳网机械强度较高，可避免暴雨、冰雹对蔬菜的机械损伤，防止土壤板结和灾后倒苗、补苗。塑料大棚、日光温室覆盖遮阳网，能使暴雨对地面的冲击力减弱到 1/50，棚内雨量减少 13.3% ~ 22.8%。

3. 减少蒸发，保墒抗旱　据测试，浮面和封闭式大小棚覆盖，土壤水分蒸发量可比露地减少 60% 以上；半封闭式覆盖秋播小白菜生长期间浇水量可减少 16.2% ~ 22.2%。

4. 避虫害，防病害　据调查，银灰色网避蚜效果可达 88% ~ 100%，对菜心病毒病防效达 95.5% ~ 98.9%，对青椒日灼病防效达 100%，封闭式覆盖可防小菜蛾、斜纹夜蛾、菜螟等多种虫害入侵产卵，可实现叶菜不喷药生产，既省药、省工、省力，又利健康。

（二）生产应用

1. 伏菜应用　用于夏、伏天小白菜、菜心、伏莴笋、伏萝卜、伏芹菜、伏黄瓜、夏大白菜、夏生菜、芥蓝、食荚豌豆等生产，一般增产 20% 以上，遇暴雨、干旱、冰雹天气则增产、抗灾效果更显著。

2. 早熟夏菜延后供应栽培　以早熟辣椒、茄子为主，后期产量可增加 1 倍以上。

3. 秋菜育苗　甘蓝、菜花、菠菜、窝笋、芥蓝等秋菜，需夏播育苗，以利提高成苗率和秋苗素质。

4. 早秋菜栽培覆盖　菜花、大白菜、甘蓝、菠菜、芹菜、茼蒿、芥蓝等秋菜早定植，以早上市为目的，可早收 10 ~ 30d，对缩短此类蔬菜供应淡季有重要意义。

5. 防霜栽培覆盖　可充分利用遮阳网白天降温、夜间保温的性能特点，用于秋菜防早霜，春菜防晚霜，夏季防高温、干旱等。

6. 食用菌栽培覆盖　利用夏季遮光降温、秋冬保暖保湿，生产平菇、草菇、香菇等，能达高产、优质，获取高效益。

五、防虫网应用技术

防虫网是为了防止害虫为害蔬菜而应用的，一般在春、夏、秋季用在塑料大棚、日光温室放风口处，防止棚室外的害虫进入棚室内。一般采用40目白色或银灰色防虫网，使用年限多在3～4年。

使用防虫网有以下优点：

1. *减轻害虫为害* 利用防虫网，可以减少虫口数量，减轻为害，提高了蔬菜的商品性，达到增加收入的目的。

2. *降低成本* 利用防虫网，可减少用药的成本，不用买药、对药、打药，用工量也减少。

3. *有利健康* 可避免菜农过多地接触农药而对身体造成的危害。

4. *有利于生产无公害蔬菜* 不喷杀虫药，对商品菜的污染少，有利于生产绿色食品（无公害）蔬菜。

六、日光温室张挂反光幕技术

冬春季温度低、光照不足是日光温室蔬菜育苗和生产的限制因素。为了改善日光温室光照条件，增加光照强度，利用反光原理，在日光温室后部张挂聚酯镀铝膜反光幕（见附图6–1），可收到良好的效果。

附图6–1 日光温室后部张挂聚酯镀铝膜反光幕

（一）应用效果

日光温室内张挂反光幕，可收到以下明显效果：① 增加温室内的光照强度，尤以冬季增光率更高，可增加光照强度约20%。② 可提高气温和地温，一般可提高室内气温1℃左右，提高地温2℃左右。③ 育苗时间缩短，秧苗素质提高。同品种、同苗龄的幼苗株高、茎粗、叶片数均有增加，雌花节位均有降低。④改善了日光温室内的小气候，植株的抗病能力增强，减少农药使用和污染。⑤张挂反光幕的日光温室，其蔬菜产量、产值明显增加，尤其是冬季和早春增效更明显。

（二）应用方法

使用反光幕应按日光温室内的长度，用透明胶带将50cm幅宽的三幅聚酯镀铝膜粘接为一体。在日光温室中柱上东西向拉铁丝固定，将幕布上方折回，包住铁丝，然后用大头针或透明胶带固定，将幕布挂在铁丝横线上，自然下垂，再将幕布下方折回 3 ~ 9cm，固定在衬绳上，将绳的东西两端各绑竹棍一根固定在地表，可随太阳照射角度水平北移，使其幕布前倾 75° ~ 85°。也可把 50cm 幅宽的聚酯镀铝膜，按中柱高度剪裁，一幅幅紧密排列并固定在铁丝横线上。150cm 幅宽的聚酯镀铝膜可直接张挂。

（三）注意事项

定植初期，靠近反光幕处要注意灌水，水分要充足，以免光照强、温度高造成灼伤幼苗。中柱前挂幕的下面应留空当，以便浇水。使用的有效时间为 11 月至翌年 3 月。对无后屋顶日光温室，反光幕要挂在北墙上，镀铝膜的正面须朝阳，背面与后墙留有一定空隙，否则膜面离墙太近，因潮湿将造成铝膜脱落。每年用后，最好经过晾晒再放置通风干燥处保管，以备再用。

另外，由于张挂聚酯镀铝膜反光幕，遮挡了照射到后墙上的阳光，使后墙的贮热功能降低，会影响夜间增温效果。解决这一矛盾的方法是：11：00 之前张挂反光幕，11：00 之后揭除，利用下午的阳光使后墙贮热；张挂反光幕时，按幅宽分段张挂，张挂面积占后墙表面积的 50% 左右。这样，可以做到增光、贮热两不误，协调二者的矛盾。

七、设施蔬菜灾害性天气的危害与预防

设施蔬菜生产，主要是在冬季和早春进行反季节栽培，特别是喜温的果菜类蔬菜栽培，对温光条件要求较高，但是在漫长的严寒季节，即使光热资源较好的地区，也难免出现灾害性天气。在不加温条件下生产，一遇到灾害性天气，如果不及时采取措施，就会受到损失。灾害性天气虽然有不利的一面，但是如果加强管理，抵御灾害，做到人无我有，人有我好，其经济效益往往有增无减，会收到意想不到的良好效果。

（一）大风天气

1. 危害　对设施的为害主要是：吹破棚膜，吹掀草苫，骨架倒塌，温室后屋顶被掀起。对蔬菜的危害主要是：冻害或寒害，闪苗，倒伏。轻者减产减收，重者绝产绝收。

2. 预防措施

（1）注意天气预报　注意收听当地的天气预报。若有大风，应及早关闭放风口。若夜间有风，应把草苫压牢，以防大风吹起草苫；若白天有风，可把草苫下放到前屋面一半处，并用拉绳把草苫固定好。

（2）扣紧棚膜　选用优质棚膜，在晴天扣棚膜，棚膜应拉紧绷平，膜边接地处应埋入土中踩实，拉紧压膜线。经常检查压膜线是否松动。

（3）压紧草苫　草苫下端拴绳，绑石块、沙袋、重木等，防止被风掀起。

（4）补好棚膜破损处　要及时修补棚膜上的破损处，以防风从破损处向棚内鼓风加压揭膜。

（5）留人观察　在刮大风时，要在设施内留人，加强巡察，一旦发现问题，及时处理。

（6）灾后补救　整理设施、薄膜、草苫，查苗补苗，危害严重时改种其他蔬菜，恢复生产。

（二）连续阴天

1. 危害　设施的热能完全来自太阳辐射，一旦遇有阴天，设施不能得到有效的热量补给，温度偏低，蔬菜光合产物的输出减少，甚至只能靠体内贮存的营养物质维持代谢，消耗多，

积累少。这样的情况如果时间较短尚可恢复，但如果时间过长，地温、气温下降过度，会使作物遭受冷害，甚至冻害。

对设施环境的危害主要是：光照不足，地温和气温下降，空气相对湿度增加。对蔬菜的危害主要是：光合作用减弱，根系活动受阻，植株处于饥饿和缺水状态。

2. 预防措施

（1）及时揭草苫见光　遇到连续阴天，只要温度不是很低，就应该全天揭开草苫，或把草苫下半部揭起，并清除棚膜上的草屑灰尘、露水等，以增强棚膜散射光的透光率，利用散射光增加棚温。一般情况下，只要有散射光射入室内，或有短时间晴天光照的天气，室内温度不会降低，反而会有一定程度的升高。另外，散射光仍可用来进行光合作用，有时还能达到光补偿点以上。即使外界温度较低，亦应在中午前后 1 ~ 2h 内揭苫见光。

（2）适当降低气温　连阴天时，应控制气温比晴天低 2 ~ 3℃。一般不能采用生火加温措施，否则会使植株消耗增加，导致生理障碍。

（3）不宜浇水　连阴天时，不宜浇水，以防地温下降和棚内湿度上升。若苗床内幼苗在阴天时发生萎蔫，可能与地温降低根系吸水能力降低有关。

（4）适当补光　连阴天时，育苗床内可用生物灯、日光灯、白炽灯等，在 9：00 ~ 10：00 进行人工补光。

（5）加强夜间保温　可在设施内搭小拱棚，或加强夜间外覆盖，进行保温。也可以在下午盖苫之前，于植株行间铺设稻草把、苇毛苫等，即利于降低空气湿度，又能保证地温不至于降得过低。

（6）张挂反光幕　连阴天时，在温室内后墙处张挂反光幕，也有一定的增光作用。

（三）久阴骤晴

1. 危害　设施蔬菜栽培，冬季经常遇到连续阴雨（雪、雾）天气，一旦突然转晴，揭开草苫后，叶片会出现萎蔫现象，特别是叶片较大的黄瓜、西葫芦最为严重。原因是连续阴天时，室内气温和地温都很低，根系活动极微弱，吸收能力锐减。晴天后，光照充足，气温上升很快，空气湿度下降，叶面水分蒸腾量剧增，根部吸水满足不了地上部蒸腾的水分消耗，就会出现萎蔫现象，生长虚弱。开始是暂时性萎蔫，如果不及时采取措施，得不到恢复，就会成为永久性萎蔫。

2. 预防措施

（1）缓慢见光　应在早晨和下午阳光较弱时，揭开草苫见光；而上午和中午光照强时，应放下部分草苫遮光。最好每隔一段时间，交替放下或卷起草苫，避免局部植株见光时间过长而萎蔫。连续数日如此，待植株恢复常态时，再按正常规律揭放草苫。如果此间一时疏忽或放松，就会造成严重损失。

（2）适量喷水　必要时，可往植株上喷清水，以防植株脱水。注意喷水宜少量多次，以不顺植株下滴为原则。

（3）叶面喷糖　用 1% 葡萄糖（白糖）溶液喷布叶片，效果更好。

（4）叶面施肥　适时用 0.3% 的氮磷钾三元复合肥溶液，或 0.3% 的磷酸二氢钾加 0.2% 的尿素混合液（指每千克水加 3g 磷酸二氢钾和 2g 尿素），进行叶面喷施。

（5）加强管理　晴天稳定后，适时追施氮肥并浇水。

（6）喷药预防　连阴天到来之前，用医用维生素 B_1、B_6 和酰胺等量混合 800 倍液，另按5kg溶液中加1支医用青霉素（可杀死冰点细菌）喷洒植株，能提高植株耐低温能力。

（四）寒流强降温

1. 危害　严寒冬季及早春出现寒流强降温天气是不可避免的。以日光温室为例，在20世纪80年代中期以前冬季不能生产喜温蔬菜，其原因是温室低矮，室内热容量小，遇到寒流强降温天气易遭受冻害。20世纪80年代中后期日光温室深冬茬黄瓜生产的成功，首先是改进了采光、保温设计，提高了日光温室性能，在外界气温最低时，室内外温差达到25℃以上，室内最低气温保证8℃以上，一般年份不会遭受冻害。在持续晴天下，即使遇到寒流强降温，由于温室里热容量大，1～2d室内气温也不会降到适宜温度以下。但是，连阴天或降雪后又遇有寒流强降温天气，温室内贮存的热量很少，容易遭受冻害。遇到这种情况，必须采取补救措施。

2. 预防措施

（1）合理的设施结构　采用合理的设施结构，增加热容量，增强对低温的抵抗能力。对于日光温室，必须设置防寒沟。

（2）加强保温　可临时扣中小棚，或设置二重幕，棚面再加盖纸被、草苫保温。

（3）临时加温　可临时进行补助加温。临时加温的方法很多，如利用炉火加温，必须设置烟囱，不向室内漏烟；用炭火盆升温，应在室外点火，待木碳完全烧红再搬入室内。注意临时补助加温只要保持作物不受冻害即可，切不可把室内温度提得过高，以免在不见光条件下呼吸消耗多，影响正常生育。

（4）点燃蜡烛　日光温室蔬菜遭受冻害多在前底脚处，原因是前底脚处空间小，热容量少，如果又未设置防寒沟，地温横向传导向室外散热，温度下降快，作物容易受冻害。在靠近前底脚处，按1m距离点燃一支蜡烛，可保持前底脚处作物不受冻害。

（5）利用电热加温线　预报有寒流强降温天气时，有条件的，可在设施内临时拉设空气加温线。以上海市农机所研制的KDV空气加温线（1 000W，60m）为例，长60m、跨度8m的温室用4～8条。加温线布置在蔬菜生长点以上30cm左右。

（6）利用嫁接技术　嫁接技术已经在许多蔬菜生产上推广应用，如黄瓜、甜瓜、西瓜、茄子等。由于砧木较耐低温，并且嫁接苗长势健壮，提高了对低温的抵抗能力。据实验，用黑籽南瓜嫁接的黄瓜，可比自根苗耐低温能力提高3～5℃。

（五）雨天灾害

1. 危害　雨水可浸湿土筑的后墙，使其倒塌，造成温室柁梁落架；或淋湿草帘及后屋顶上的秸秆等，使温室骨架负荷加重，造成骨架折断；雨水流入温室内，造成积水。

2. 预防措施

（1）用薄膜覆盖　在下雨前，用塑料薄膜覆盖草苫、后坡及后墙，以防雨水打湿。也有的农户，建造温室时就考虑到防雨问题，预先处理，一劳永逸。

（2）卷起草苫　下雨前，及时卷起草苫和纸被，用废旧薄膜覆盖，避免被雨水浸湿。

（3）及时晾晒　对被雨水湿透的草苫和纸被，应及时晾晒干，避免损坏。

（六）雪天灾害

1. 危害　积雪过厚时，可压塌前屋面；积雪又阻挡光线进入设施内；雪水能润湿草苫和纸被，使其损坏。

2. 预防措施

（1）临时支柱　如遇大雪，可在设施内拱架下增设临时支柱，以增强拱架的负载能力。

（2）覆盖塑膜　在草苫上覆盖一层塑料薄膜，既防湿，又便于积雪的清除。

（3）清除积雪　在大雪天，对草苫和后屋顶等处，要做到边降雪边清除，即使是深夜也要及时清除积雪。

（七）冰雹灾害

夏秋季节有时降雨夹带冰雹，容易把前屋面薄膜打出很多孔洞，严重时把薄膜打碎。这种情况出现不多，但是有的地区曾经出现过雹灾。防止办法是注意收听天气预报，及时加盖草苫。最好利用卷帘机卷放草苫，遇到冰雹可在短时间内把草苫放下。

八、设施蔬菜磁化水应用技术

经过一定功率的高频电磁场处理过的水，被称为磁化水（又称活性水）。

据报道，日本农业生产的高效益，很大部分得益于磁化水的推广应用。使用高频强力电子磁化机生产磁化水，浇灌设施蔬菜，单位面积产量可提高 15%～20%。

电子磁化机产生的高频电磁场改变了水的黏滞度、溶解度、含氧量等物理性质，一方面土壤中不容易溶解的多种肥料被溶解、软化和吸收，肥效得以充分发挥；另一方面磁化水能改变土壤的物理性质，使土壤松散而不板结、通风透气，促使蔬菜根系发达；同时，植物体内充满磁化水，刺激植物生长，发病率低。

磁化水改变了地力，提高了日光温室蔬菜的产量和质量。用磁化水浇灌的设施蔬菜，生长快，提早成熟，产量高，无公害，色泽好，鲜嫩，营养丰富，耐贮运。

九、设施蔬菜滴灌技术

采用滴灌具有很多优点，可比沟灌节约用水 30%～40%，从而也节省了供水的电、油等能源的消耗；地温不下降；滴灌用水量少，单位时间内灌水少，对地温的直接影响小；滴灌的地面蒸发量小，减少了土壤蒸发耗热，因而温室地温一般比沟灌的地温高；不破坏土壤结构；省工省时，提高肥效药效，增加蔬菜产量。由于滴灌的土壤条件有利于作物生长发育，有利于减轻病害，一般果菜类可增产 10%～20%。

（一）滴灌系统

滴灌系统一般由供水装置、输水管道和滴水管三部分组成。供水装置指水源、水泵、流量和压力调节器、肥料混合箱、肥料注入器、过滤器等。为了获得具有一定压力的水，可以利用水塔、贮水罐、压力罐或微型水泵等。一般要求送水压力达到 98.1～196.1kPa，过滤器要求能排除直径大于 0.44mm 的颗粒或杂质，肥料混合箱容积一般为 0.5～1m^3。输水管道是把供水装置的水引向滴灌区的通道，管道一般是由专业厂家提供的高压聚乙烯或聚氯乙烯管，内径有 25～100mm 不同的规格。棚室输水管道一般为二级式，即干管和滴水管，滴水管带直接安装在干管上。滴水管目前多用聚乙烯塑料薄膜滴灌管带，厚度为 0.8～1 .2mm，直径 16～50mm，黑色或蓝色。日光温室的畦垄较短，可选用直径小的管带。

（二）选择滴水管

我国日光温室初期应用的滴灌带一般是塑料软管，在软管的左右两侧各打一排直径为0.5 ~ 0.7mm的滴水孔，每侧孔距25cm，两侧滴孔交错排列。当水压达到1 .96 ~ 4.90kPa时，软管带便起到输水的作用，并将水从滴孔滴入根际土壤中。每米软管每小时的出水量为13.5 ~ 17L。近年来，我国滴灌技术开发较快，有厂家已生产出内镶式滴灌系统，应用效果达到了进口产品的水平，而价格仅为进口产品的一半。面对众多的国内外产品，要结合当地的实际情况，认真选择适用的滴灌系统。

（三）滴水管的布置和安装

滴水管一般是按栽培作物的行垄呈南北单分式装置。滴水管与干管连接的方式有两种：一种是异径三通连接，常用40mm × 25mm的。其中25mm的一端套上滴水管后用铁丝扎紧，滴水管另一端也要扎紧。40mm的两端连通40mm内径的干管，到温室两头管道用塑料堵头塞紧。另一种安装方式是将干管按滴水管带布设位置打孔，在孔上安装旁通，将滴水管带接在旁道的出水口上并扎紧。前一种方式输水量大、流速快，适于长度超过50m的温室；后一种方式旁道的价格便宜，安装省事，适用于送水距离小的温室。

滴灌带直接放在修整平整的垄面上，垄上布设膜下暗沟，然后再铺地膜。

（四）使用方法

1. 输水压力的调整　打开阀门把水压调至29.4 ~ 49.0kPa时即可灌水。如没有压力表的，可以从软管的形状上判断。软管呈近圆形、水声不大时，即为压力合适；软管带绷得很紧、水声很大，表明压力太大，易造成管壁破裂，应予调减。

2. 供水量的调控　灌水量按不同的作物、不同生育期以及天气情况确定。一般每666.7m^2每次灌水10m^3左右，苗期少灌，生长盛期多灌，高温干旱时灌水要多些。在实际生产中，实行滴灌的蔬菜要比传统灌溉的易徒长，应适当控制水量。如黄瓜结瓜盛期3d左右灌一次即可。

3. 施肥技术　利用滴灌施肥，可以购置专用的施肥装置，也可以自己制作。用一个水桶放在高于地面50cm的地方，水桶下部出液管与滴灌支管连通，水桶上部不间断供水，以保持压力，将溶解好的肥料源源不断地加入水桶中。施肥一般在灌溉结束前半小时进行。不施肥应将肥料导入孔封闭。

（五）注意事项

采用滴灌技术须注意：① 基肥中要放足有机肥和复合肥，以免在只能通过滴灌透入溶解性化肥时出现脱肥和营养比例失调。② 滴水管带上要覆盖地膜。在黄瓜进入春季旺盛结瓜期，为了适应其对空气较高湿度的要求，需将地膜揭去。③ 要防止滴孔堵塞，注意维护过滤装置，进行定期清洗。施肥时要使肥料充分溶解，并将杂质去净。④注意滴灌设备的管理、维护与保管。夏季不用时，应把管带收起清洗后放在低温避光处保存。使用时要细心检查修补后再布设。

十、设施蔬菜膜下暗灌技术

冬春季节设施栽培蔬菜等作物，由于外界气温低，通风换气量小，水分蒸发散失很少，如果采用传统的明水灌溉方法，容易造成棚室内空气湿度过大，这样不仅使棚室内雾气迷茫，影响光合作用，而且易导致病害蔓延，甚至达到难以控制的程度。为解决这一问题，使用“膜下暗灌”技术，不仅可降低空气湿度，抑制病害发展，而且可节省灌水量，避免刚浇水后土壤湿度过大的状况，改善了土壤湿度条件。

膜下暗灌的具体做法：采用大小行栽培，大行距 80 ~ 100cm，小行距 40 ~ 50cm，大小行相间，大行间为作业通道，小行间则做成沟垄，垄高 13cm，中间为一小水沟，两侧垄各定植 1 行蔬菜，覆盖 100 ~130cm 宽的地膜。一般采取先定植 2 ~ 3d，再破孔引苗铺膜的方法。

为防止小水沟处地膜下陷，最好用 40 ~ 50cm 长的细树枝或硬秸秆等支撑。这样，冬季和早春只从地膜垄小水沟灌水即可。

春末夏初外界气温升高，日光温室通风量加大，蔬菜生长的中后期需水量亦增大，当小水沟灌水不能满足需要时，也可从大行间灌水补充，在操作上多采取先定植、待缓苗后再覆膜的方法。另外，大行不宜全覆盖。

十一、高温闷棚杀菌消毒技术

高温闷棚是指在种植蔬菜前 10 ~ 15d，将棚室施肥翻地后，盖严塑料薄膜，关好棚门和放风口，闷棚 7 ~ 10d，让棚温尽可能升高，晴天时棚内可达 70℃的高温（一般在 9 ~ 10 月），这是一项比较成功的新技术。

高温闷棚的作用是：① 杀死大部分真菌、细菌和部分病毒。② 闷死大部分地下害虫和虫卵。③ 热死部分杂草。④ 施入的有机肥能得到很好的腐熟。⑤ 有利于土壤养分的分解。⑥ 提高地温，有利于培育壮苗。

高温闷棚不需要增加任何成本，也不会对土壤、设施和蔬菜造成污染，是无公害蔬菜生产的基本措施之一。

十二、石灰氮土壤消毒技术

蔬菜定植前 20 ~ 30d，采用石灰氮对土壤进行消毒，作为一种无公害措施值得在生产中大力推广。

（一）使用方法

定植蔬菜前，在每 666.7m^2 耕层土壤中施入石灰氮 75 ~ 100kg，麦秸 1 000 ~ 2 000kg 或未腐熟鸡粪 3 000 ~ 4 000kg，做畦后灌水达到饱和程度，覆盖透明塑料薄膜，四周要盖紧、盖严，让薄膜与土壤之间保持一定的空间，以利于提高地温，增强杀菌灭虫效果。密闭棚室，闷棚 20 ~ 30d。闷棚结束后，可根据土壤湿度情况开棚通风调节土壤湿度，而后疏松土壤，即可栽培蔬菜。应用此法的最佳时间是夏季气温高、雨水少的日光温室闲置时期，一般是 5 月下旬至 8 月下旬。

（二）注意问题

采用石灰氮法进行土壤消毒要注意把握时机，选择在前茬作物收获后立即进行效果最好。因为此时根结线虫等土传病菌大多聚集在土表，更容易集中杀灭；否则，根结线虫等土传病菌迁移到土壤深层后再进行土壤消毒，会降低效果。

土壤消毒处理后，土壤中所有生物均可被杀死，此时土壤是一个洁净又很脆弱的环境，一旦有新传入或未被杀死的病菌、害虫，在既缺乏天敌或有益微生物，而且地温又适宜的条件下，病虫将迅速回升。所以土壤消毒应避免人为原因传入病菌、害虫。同时，注意施入优质有机肥或生物肥，以尽快建立良好的土壤微生态环境。

许多生物肥对根结线虫等土传病害有一定的防治效果。生物肥防治土传病害的机制主要表现在以下两个方面：一是施用生物肥后土壤中的有益菌增多，可促使土壤中有益菌群的形成。有益菌群可分泌一种酶，能抑制土传病菌的存活。二是往土壤中施入大量的生物肥可疏松土壤，有利于蔬菜根系的生长。蔬菜根系健壮，在一定程度上可提高根系的抗土传病害能力。在生产中表现比较好的生物肥种类很多，可以有选择地使用。

十三、日光温室臭氧杀菌技术

根据冰箱内电子除臭保鲜器的原理，生产大功率臭氧发生器，用于日光温室空气杀菌。目前，该项技术有的国家已经推广应用，我国已开始将该项技术广泛应用于各种蔬菜生产中。

臭氧发生器是采用电晕放电产生适量臭氧（O_3），不仅消除空气中的有害气体，同时臭氧本身可分解为杀菌力特别强的单氧原子，然后自减，不附着于蔬菜上，对蔬菜无害，对人体无害。

臭氧的应用范围，一是利用臭氧杀死日光温室内的真菌，如霜霉病、灰霉病等病菌，减少病原，从而控制发病；二是利用臭氧消除日光温室内的有害气体，减轻有害气体对蔬菜的危害。

十四、烟雾剂、粉尘剂防治设施蔬菜病虫害技术

农药烟剂点燃后，可以燃烧，但没有火焰，农药有效成分因受热而气化，在空气中受冷又凝聚成固体微粒，沉积在植物上，达到防治病虫害的目的。在空气中的烟粒也可通过昆虫呼吸系统进入虫体产生毒效。农药粉尘剂是农药原药加填料混合加工成的超细粉粒。在设施内喷粉后，超细农药粉在空气中飘浮，最后附着在蔬菜的地上各裸露部分，达到防治病虫的作用，害虫吸入农药粉尘，也能起到治虫的目的。

当前生产上最常用的有百菌清烟雾剂、灭扫利烟雾剂、敌敌畏烟剂。如对设施中的主要害虫温室白粉虱和蚜虫的防治，可采取每 666.7m^2 设施用 80% 敌敌畏 250 ~ 500g，傍晚开始熏棚达 12h 的方法，一次能熏杀白粉虱 90% 以上，蚜虫 95% 以上，隔 4 ~ 5d 再熏 1 次，就能控制抗药性很强的白粉虱和蚜虫的为害。对设施黄瓜霜霉病和灰霉病的防治，可用 45% 百菌清烟剂 200 ~ 250g/666.7m^2，傍晚点燃，夜间熏闷，能有效地控制病害的发生和发展。

十五、丽蚜小蜂防治温室白粉虱技术

（一）繁殖方法

1. 采集和繁殖蜂种

（1）采集蜂种　在粉虱发生严重的田间植株叶片上，采集被丽蚜小蜂寄生的粉虱若虫（即黑蛹）。

（2）蜂种提纯和优选　将采集的丽蚜小蜂寄生黑蛹置于25～27℃、湿度为60%～70%的条件下发育，羽化出蜂后转接到烟粉虱若虫体内，然后通过对寄生率、羽化出蜂率、繁殖力、性比、贮存特性和对目标害虫卵的搜索能力检测实验，选择出优良蜂种。

（3）蜂种扩繁　对选择出的优良丽蚜小蜂蜂种进行扩繁，积累足够的丽蚜小蜂种蜂数量。

（4）蜂种保存　丽蚜小蜂发育到初蛹期时，立即贮入温度为10～12℃、湿度为50%～60%的条件下保存。

2. 生产寄主　寄主植物选择番茄、甘蓝或黄瓜；寄主昆虫为烟粉虱或温室粉虱。其程序为：

（1）培育寄主植物番茄苗　在光照充足、20～27℃变温条件下的培养箱或清洁室内培育番茄苗。当番茄苗生长至7～8片真叶时，移入到粉虱产卵笼罩中。

（2）接粉虱虫卵　按番茄苗每叶片上5头粉虱成虫的比例接入粉虱成虫，接种产卵时间为24～48h。

（3）熏杀残余粉虱成虫　接种产卵完成后，轻轻摇动粉虱产卵笼罩中的番茄植株，赶走粉虱成虫，然后移入到塑料薄膜密封罩中，用吸有敌敌畏原液2～3滴的滤纸条熏蒸10～12h，注意避免药液直接接触植株。

（4）培育粉虱若虫　将经过熏蒸处理带有烟粉虱卵的番茄植株移入另一笼罩内培育13～17d，粉虱若虫发育到2～3龄时备用。

3. 接蜂　按1：（20～30）的蜂、虫比例将丽蚜小蜂黑蛹或成蜂接种到上述发育到2～3龄的粉虱若虫上，接蜂时间为8～9d。

4. 收集制卡　接蜂后8～9d，被寄生的粉虱若虫变成黑蛹，待未被寄生的粉虱若虫羽化为成虫后，将番茄苗用敌敌畏进行熏蒸，杀死滞留在叶片上的粉虱成虫，采摘带有黑蛹的叶片放在室内阴干1～2d，然后粘制蜂卡，进行包装保存或直接应用。

（二）应用范围

防治设施蔬菜、花卉上的烟粉虱和温室白粉虱。对烟粉虱寄生率高，防效可达80d以上。

（三）使用方法

在作物定植1周后，开始使用丽蚜小蜂，只需要将蜂卡悬挂在作物中上部的枝杈上即可。丽蚜小蜂的飞行能力比较弱，需要在设施中均匀地悬挂蜂卡。每666.7m^2每次使用1 500～2 000头，隔7～10d释放一次，连续释放5～6次。如果日光温室的防虫网能够完全挡住外面的粉虱进入，此时可以停止放蜂。注意设施保温，夜间温度最好保持在15℃以上。

十六、设施栽培黄板诱杀害虫技术

利用蚜虫、白粉虱、烟粉虱等害虫的趋黄性，可在设施内悬挂一些黄色粘虫板诱杀害虫（附图 16–1、附图 16–2）。在栽培番茄、茄子、辣椒、黄瓜的日光温室内 1.5 ~ 1.8m 的高处，每 666.7m^2 悬挂 50cm × 50cm 或 50cm × 70cm 的自制黄板（黄板上涂抹机油、凡士林等）20 ~ 25 块，可使蚜虫的虫口密度降低 20% ~ 40%，每茬可减少用药 5 ~ 8 次。

黄板诱杀简单实用，无污染，应用后，不仅可以控制设施内蚜虫、白粉虱、烟粉虱的为害，更重要的是对下茬作物的虫源起着至关重要的控制作用，起到事半功倍的效果。

附图16–1 日光温室黄板诱蚜技术

附图16–2 日光温室中黄板的分布

十七、设施栽培防虫隔离技术

采用防虫隔离技术，避免害虫直接为害或入内产卵为害，做到不用或少用农药，生产的蔬菜可以达到无公害要求。

1. 合理选用防虫网　如果防虫网目数增加，则网内温度提高，通风通气性能差。白色网较银灰色网和黑色网内温度高。银灰色网具有避蚜作用，因此生产上多选用 22 目银灰色网。

2. 采用适当覆盖方式　日光温室防虫隔离栽培主要采用网膜覆盖方式。网膜覆盖就是防虫网和农膜结合覆盖，即棚架盖农膜，通风口包括天窗和设施前裙围防虫网，从而达到避虫、防病等作用。

3. 实行全程覆盖　防虫网遮光率小，夏秋季覆盖栽培不会对蔬菜作物造成光照不足的影响。为切断害虫为害途径，在蔬菜整个生育期都需要覆盖防虫网。

4. 加强田间管理　要施足基肥，减少追肥次数。浇水最好采用滴灌和微型喷灌。进出防虫网时要及时拉网盖棚，不给害虫入侵的机会。要经常巡视田间，及时摘除挂在网上或田间的害虫卵块，发现网、膜破损要及时修补。遇晴热高温天气要采用遮阳、灌水等降温措施。

十八、设施蔬菜熊蜂授粉技术

冬季设施蔬菜栽培由于受低温、环境密闭、昆虫冬眠等因素的影响，蔬菜自然授粉率很低，主要采取 2,4-D 或防落素喷蘸处理的方法代替自然授粉来促进坐果，应注意由此产生的激素残留超标的问题。利用蜂类为设施果蔬授粉是一项高效益、无污染的现代化农业增产措施。熊蜂是最好的授粉昆虫之一，农业发达国家已把熊蜂授粉作为一项常规技术应用到农业生产当中（附图 18-1、附图 18-2）。

（一）熊蜂授粉的优势

1. 熊蜂授粉与蜜蜂、壁蜂等传粉相比优点突出

①授粉作物广泛，对有蜜腺作物、无蜜腺作物均适合，而蜜蜂仅适合有粉有蜜植物。

②熊蜂适应的温、湿度范围大，在 12 ~ 34℃范围内能正常授粉。

③熊蜂有较长的吻，对一些深冠花朵的蔬菜如辣椒、茄子等作物授粉更加有效。

附图18-1　熊蜂

附图18-2　采用熊蜂授粉的温室番茄

④熊蜂个体大，寿命长，浑身茸毛，一次可携带花粉数百万粒，对蜜粉源利用率比其他蜂种更加有效，授粉效率高于蜜蜂 80 倍。

⑤熊蜂耐低温和低光照，在蜜蜂不出巢的阴冷天气，它可以照常出巢采集、授粉。

⑥熊蜂耐湿性强，趋光性差，不像蜜蜂那样飞撞玻璃和棚室，在低温、高湿条件下也可在植物花朵上采集。

⑦熊蜂没有灵敏的信息交流系统，能专心为某一种作物授粉，特别适合对设施蔬菜作物授粉。

2. 熊蜂授粉与应用生长素类化学物质相比优点突出　熊蜂授粉彻底解决了用生长素类化学物质促进坐果所带来的激素残留、污染问题，蔬菜产品无污染，品质好，果实含糖量提高，口感好，果型匀整，商品果率高，符合绿色食品生产标准，经济效益高。熊蜂授粉花朵坐果率高，果型周正，籽粒饱满，果蔬可溶性糖、维生素含量等指标明显提高，果实品质显著改善。

3. 熊蜂授粉与人工授粉相比优点突出　熊蜂授粉与作物花期可保持相对吻合，能掌握最佳授粉时间，每朵花可多次重复授粉，无论植株高矮、花量多少，均可得到传粉蜂充足授粉。传粉蜂频繁穿梭授粉不会造成植株的机械损伤和病害的传染，1 只传粉蜂每天可工作 8 ~ 10h，上访花朵 2 000 ~ 4 500 朵。由于蜂采集的花粉活力较强，花朵柱头又可得到多次授粉，有利于提高杂交优势，种子产量增加，籽粒饱满，千粒重增加，发芽率整齐。授粉后的果实圆正、

着色好，特级果、一级果比例明显提高，产量增加，果实可溶性糖、维生素 C 含量增加，采摘期提前 3 ~ 5d。而采用人工辅助授粉，不但加大工作量和开支，而且难以掌握最佳授粉时间，对花量大、花期短的作物容易造成授粉不良和授粉不均，还容易对植株造成损伤，导致伤口感病。

4. 熊蜂授粉技术可操作性、可控性强　可根据用户需求来繁育蜂群，大量的蜂王通过温控处理技术可随时定量生产，这是其他蜂种不能比拟的。由于熊蜂可工厂化大批量繁育生产，对加快熊蜂授粉技术的推广具有很大优势。

（二）熊蜂授粉的方法

蔬菜盛花期之前 4d，将蜂箱绑在日光温室中间位置的立柱上，蜂箱的进出口朝南，靠近蜂箱放一个盛满清水的容器，清水里放一些麦秸，以便于蜜蜂采水，每隔 3 ~ 4d 换 1 次水。前立窗和天窗上安装 20 ~ 24 目防虫网，一定要封严日光温室，防止熊蜂从棚缝中飞出去。每天早晨日光温室草苫子揭开后把蜂箱的进出口打开。1 箱熊蜂（100 余只）可供 $2 \times 666.7m^2$ 蔬菜地授粉。1 个日光温室面积一般不超过 $666.7m^2$，1 箱熊蜂足以达到授粉要求。

（三）熊蜂授粉的注意事项

采用熊蜂授粉时，要注意以下事项：① 杀虫剂对熊蜂危害很大。设施喷药前一天下午等熊蜂全部飞回蜂箱后，将蜂箱的进出口关闭后将蜂箱移到温暖的地方，第二天喷药，第三天设施通风，第四天上午再将蜂箱拿回原处绑好，下午打开蜂箱门即可。杀菌剂对熊蜂的影响不大，喷药前一天晚上待熊蜂全部飞回蜂箱后将进出口关闭。第二天喷药，第三天上午通风，下午就可将蜂箱进出口打开。② 不要打开蜂箱或用力敲打蜂箱，以免激怒蜂群螫人。③ 下午盖草苫时，留下蜂箱顶上的一帘草苫，待天黑蜂全部回巢后再盖下。④ 在黄瓜设施上不要采用熊蜂授粉技术，以免产生大头瓜。熊蜂授粉技术可应用于设施茄子、樱桃和番茄栽培。

十九、设施蔬菜深冬高垄栽培技术

设施深冬喜温性蔬菜栽培，将蔬菜种植在室内南北向高垄上，而不种植在平畦内，这项栽培技术称设施深冬蔬菜高垄栽培技术。生产中，进行高垄栽培的喜温性蔬菜主要有黄瓜、甜瓜、西葫芦、丝瓜、冬瓜、苦瓜、西瓜、茄子、辣椒、番茄、菜豆、扁豆等。高垄的制作标准，一般是大行垄距 80 ~ 90cm，小行垄距 40 ~ 50cm，垄高 25 ~ 30cm，大垄沟宽 30 ~ 40cm，小垄沟宽 10 ~ 15cm，垄背宽 30cm 左右。

设施深冬蔬菜高垄栽培，较平畦栽培根系发达、苗壮、秧旺、生长快、早产、高产，有利于实现喜温性蔬菜深冬上市。其主要原因是：第一，高垄的土壤通透性强，气体交换能力较平畦显著提高，故深冬时高垄 10 ~ 15cm 深处的土温显著高于平畦同深度的土温，一般高出 3℃左右，这是喜温性蔬菜深冬上市栽培成功的决定因素之一；第二，高垄三面受光，较平畦一面受光，显著增大了受光面积，故能使高垄土温迅速提高；第三，能加大土壤耕作层的昼夜温差，有利于促进苗壮和花芽分化，能抑制徒长，促进壮株；第四，从定植到深冬，只浇小垄沟不浇大垄沟，只要把握好浇水量和浇水次数，能使高垄土壤的含水量适中，便于植物根系的吸收和生长，对于预防蔬菜的寒根病和沤根病作用显著。

设施深冬蔬菜高垄栽培，需要特别注意：垄采用南北走向，大垄沟和小垄沟的沟底基本水平，即不要南高北低不上水，又不要北高南低，导致浇水时北端土垄浇不透。另外，栽培不同的蔬菜，垄的大小、高低、宽窄以及定植方式、方法要酌情相应变化。

参考文献

[1] 高志奎. 实验蔬菜园艺学 [M]. 保定：河北农业大学出版社，2003.

[2] 高志奎. 蔬菜栽培学各论 [M]. 北京：中国农业科学技术出版社，2006.

[3] 王久兴. 图说黄瓜栽培关键技术 [M]. 北京：中国农业出版社，2011.

[4] 王久兴. 图说番茄栽培关键技术 [M]. 北京：中国农业出版社，2011.

[5] 王久兴. 蔬菜病虫害诊治原色图谱（系列丛书）[M]. 北京：科学技术文献出版社，2004.

[6] 张振贤. 蔬菜栽培学 [M]. 北京：中国农业大学出版社，2003.

[7] 李式军. 设施园艺学 [M]. 北京：中国农业出版社，2004.

[8] 宋士清，王久兴. 设施栽培技术 [M]. 北京：中国农业科学技术出版社，2010.

[9] 宋士清，许贵民. 设施栽培技术 [M]. 北京：中国农业科学技术出版社，1998.

[10] 李式军. 设施园艺学 [M]. 北京：中国农业出版社，2004.

[11] 张福墁. 设施园艺学 [M]. 北京：中国农业大学出版社，2001.

[12] 邹志荣. 园艺设施学 [M]. 北京：中国农业出版社，2002.

[13] 朱振华，朱永春. 寿光冬暖大棚蔬菜生产技术大全 [M]. 北京：中国农业出版社，2002.

[14] 宋士清，张慎好等. 新形势下蔬菜学创新型、创业型人才的培养 [J]. 河北科技师范学院学报（社会科学版），2008，(3).

[15] 宋士清，王久兴等. “设施蔬菜栽培学”课程建设的理论与创新 [J]. 河北科技师范学院学报（社会科学版），2009，(4).

[16] 曹霞，武春成等. 设施蔬菜栽培学实践教学的创新与应用 [J]. 安徽农业科学，2011，(18).

[17] 宋士清，王久兴等.《设施蔬菜栽培学》精品课程. http://w3. hevttc. edu. cn/ssq/enter.asp，2011-9-23.